书·美好生活
Book & Life

书,当然要每日读。

自我的疆域：
人格论九讲

「ひと」として大切なこと

[日] 渡边和子 / 著　周志燕 / 译

北京时代华文书局

图书在版编目（CIP）数据

自我的疆域：人格论九讲/（日）渡边和子著；周志燕译.--北京：北京时代华文书局，2025.4.--ISBN 978-7-5699-5819-5

Ⅰ.B821-49

中国国家版本馆CIP数据核字第2024DR6294号

"HITO" TOSHITE TAISETSU NA KOTO
by Kazuko WATANABE
Copyright©2005 by ASAHIGAWASOU
All rights reserved.
First original Japanese edition published by PHP Institute,Inc.,Japan.
Simplified Chinese translation rights arranged with PHP Institute,Inc.,Japan.
through CREEK & RIVER CO.,LTD. and CREEK & RIVER SHANGHAI CO.,Ltd.

北京市版权局著作权合同登记号 图字：01-2023-0126

Ziwo de Jiangyu: Rengelun Jiu Jiang

出 版 人：	陈　涛
策划编辑：	陈丽杰　谭　爽
责任编辑：	谭　爽
责任校对：	李一之
装帧设计：	咚　艾
责任印制：	刘　银　訾　敬
出版发行：	北京时代华文书局 http://www.bjsdsj.com.cn
	北京市东城区安定门外大街138号皇城国际大厦A座8层
	邮编：100011　电话：010-64263661　64261528
印　　刷：	三河市兴博印务有限公司
开　　本：	880 mm×1230 mm　1/32　　成品尺寸：130 mm×180 mm
印　　张：	9　　　　　　　　　　　　字　　数：120千字
版　　次：	2025年4月第1版　　　　　　印　　次：2025年4月第1次印刷
定　　价：	49.00元

版权所有，侵权必究

本书如有印刷、装订等质量问题，本社负责调换，电话：010-64267955。

再版序

于昭和四十年（1965 年）开始使用的"人格论"讲义，如今依然被用于圣母清心女子大学的课堂上。

距今约 15 年前，有位听过"人格论"课程的毕业生——她毕业后在冈山的一家报社工作——建议我将这份讲义出版成书。她说她会先将我的授课内容用磁带录下来，再根据录音写成文字。在她的热心帮助下，这份讲义最后作为《渡边和子著作集》（共 5 卷，山阳报社出版）的第 4 卷《道路》出版。

这份讲义自昭和六十三年（1988 年）出版以来，不知再版了多少次。最近，在 PHP 研究所的帮助下，这本已成绝版的讲义，再次被出版成册。由于我几乎没有改动书中的内容，所以我想提醒大家一点：书中所举事例，均为 15 年前的例子。

现在,每年我都以集中授课的形式为两百多名学生讲授"人格论"。在我讲课时,每个学生都认真听讲,从不会私下小声说话。为了不辜负学生们的热情,即使内容没有任何变化,我每年也会重写讲义。

"人格论"是我以在美国留学期间所学的讲义为基础,结合自身体验讲述"作为人格[1],该如何生活""人活着应重视什么"等内容的一份讲义。

有位毕业多年的学生曾如此写道:"听课的时候,很多时候都是为了考试而做笔记。在这期间,还曾因为觉得老师说的都是漂亮话而心生排斥。但是,在这之后,在我工作、结婚、育儿的过程中,我多次想起老师在课堂上说过的话,而且这些话在不知不觉间都

---

[1] 今天我们所使用的人格概念,有两个来源,一个是精神分析学派的"personality",一个是人格主义哲学的"person"。以"personality"为源头的人格,是指人的性格、气质、能力等心理特性的总和——这也是我们普通大众对人格的理解。以"person"为源头的人格,是一种形而上学意义上的主体、自我,是具有自我意识、自我控制、自我创造能力的个人的内心活动的存在。换言之,人格即拥有理性和自由意志的主体(我们也可以将它理解为哲学意义上的人)。渡边和子在本书中讲到的"人格",是以"person"为源头的人格,不是我们通常理解的人格。而她在本书中提到的"人格性",即"从人格这个种子开出的花"(它与我们通常理解的人格没有太大区别)。——本书脚注均为译者注。

成了我心灵的支撑。"

不过,也有相反的例子,比如毕业生中也有离婚的人。当我收到"某位毕业生已离婚"的消息时,与我住在一起的修道院的修女曾笑着对我说:"是不是修过'人格论'的缘故啊?"

如何超越性别、作为一个无可替代的人格生活,如何在仅此一次的人生中活出自我,如何珍爱自己,这些是贯穿"人格论"的内容。这样的内容也会带来适得其反的结果吗?

进入21世纪后,不仅科学技术以前所未有的速度飞快发展,可代替人工作的东西也越来越多。我觉得正是这种时候,我们才更应该多多思考"人的不可替代性""人人都渴望得到的爱、自由"等问题。若本书可以让读者想起"现代人容易遗忘的东西",我将深感荣幸。

2003年1月

渡边和子

序

在我们大学，我主要以大二、大三、大四的选修生为授课对象，讲授被称为"人格论"的两学分课程。自"人格论"开始授课以来，已有23年。这次，因有位毕业生将我的授课内容录了下来，并写成了文字，出版社编辑便建议将这份讲义作为单独的一卷加到《渡边和子著作集》中。当我听到这个建议时，我心想："这个，就算了吧！"

其主要理由是，我觉得该课程所讲授的内容还未达到可以印成铅字的高度。尽管如此，最终我还是没有招架住出版方的"甜言蜜语"——他们说"毕业生们看到这本书，会很开心的"。说实话，如果真是如此，我会非常开心的。

在讲义中，我以在美国学到的东西为基础，结合日常生活中的例子，以我的方式总结了被称为"人格"

的、超越性别之人的姿态及其生活方式。或许说它是份讲稿，比说它是份讲义，更为恰当。

每年，我都怀着希望授课内容对学生有用（无论是在她们上学期间，还是在她们毕业后）的心情，重新做笔记。而本书收录的内容，均源自距今3年之久的课堂录音。

那一年在讲"人格论"的时候，由于我在时间上安排不当，前面的课程花了太多时间，所以后面两章只能草率结束。此外，因为本书收录的是课堂原话，所以书中既有显得冗长的地方，也有因重复过多而不小心离题的地方。虽然我以我的说话习惯为耻，但或许这也是令毕业生们怀念的地方。请大家多加指正。

1988年7月
渡边和子

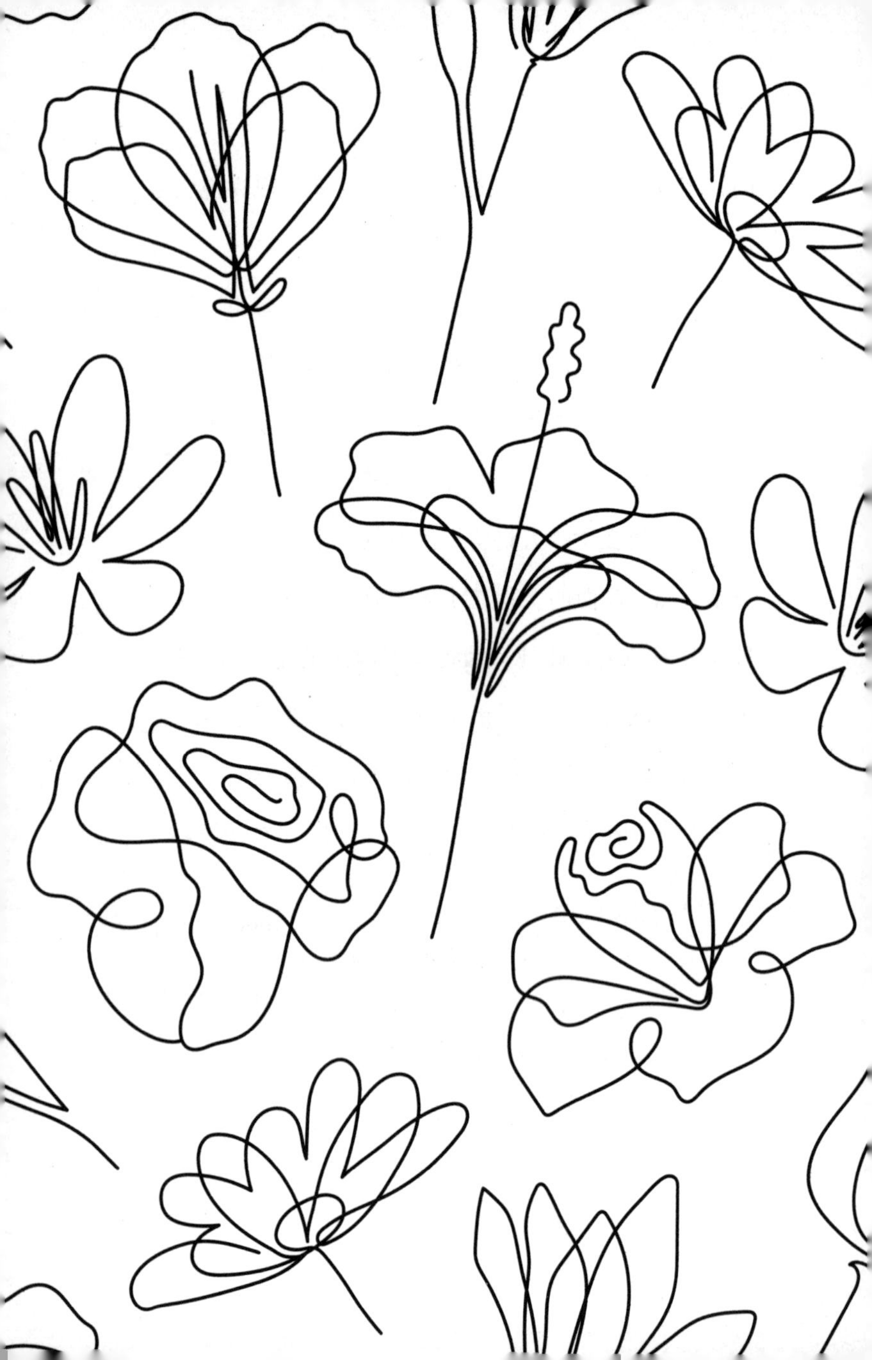

目录

001　第一讲　**在上课之前**

013　第二讲　**人格**

083　第三讲　**人格与人格性**

091　第四讲　**关于理解人类**

131　第五讲　**爱**

169　第六讲　**人的尊贵**

187　第七讲　**人格性的特征**

215　第八讲　**精神洁净**

265　第九讲　**成熟**

第一讲

在上课之前

从今天开始，我将为大家讲授"人格论"。在课堂上，希望大家重视两点：礼仪与名字。由于这两者与人格论并非没有关系，所以请允许我简单讲一下。大家在听完后，如果能明白我们的人格论课程不仅仅是能获得分数和学分的课程，我将十分高兴。

礼仪：不仅是一种限制

正确的行礼方式，是先低头，再抬头。如果不这么做，我就不知道你什么时候行礼了。可能有人会嘀咕："不过是行个礼，至于这么严格吗？"在我看来，如果一个人连行礼都不会的话，就更别说做其他事了。因为行礼的礼仪是当下正在消失的东西，所以我特别重视这一点。

虽然在现在看来，礼仪已是过时的东西，但我本人十分重视礼仪。因为我觉得礼仪与人性有很深的联系。我觉得我们每个人的心中都住着两个自己。在我们的心中，觉得"这么做更好"的自己和觉得"这么做太麻烦"的自己，觉得"不可以这么做"的自己和觉得"这么做无所谓"并最后做了的自己，经常纠缠在一起。既有觉得"不可以这么做"或觉得"必须这么做"的自己获胜的时候，也有因觉得麻烦而不做或觉得无所谓并做了的自己获胜的时候。如果要问在这之后是什么感受，我的回答是，大多数时候，即使觉得麻烦也去做的自己，比因觉得麻烦而不去做的自己更像自己。我想，或许我们每个人的心中都住着能表现出应有姿态的自己，和被各种欲望、需求所驱使的自己吧！

对人而言，欲望是根深蒂固的东西。因此，我们必须重视它。但是，当欲望变成层次极低的欲望时，当原来的自己败给欲望时，我们不会有任何进步。久而久之，我们便会与猫、狗无异，便会变成想吃的时候吃、想睡的时候睡、想玩的时候玩、想做什么就做什么的无能之人。可以说，让自己不做自己想做之事的人，以及劝自己做自己不想做之事的人，都是拥有自主性的人，都是拥有"我是自己的主人"的强大心理的人。

我觉得，生而为人的趣味存在于各种欲望、梦想、理想和现实的互相克制、互相纠缠之中。不过，败给欲望的自己，很无趣。礼仪之所以作为人性的一大表现而备受重视，是因为它很多时候都要求我们控制自己。即使觉得麻烦也让自己站起来，即使觉得麻烦也把手从口袋中拿出来，即使觉得麻烦也让自己和人打招呼。只要想讲礼仪，这种自己与自己的斗争就非常常见。

过去的修道院里，修女们必须严格按照作息时间表行动。比如：听到第一次钟响，起床；钟声再次响起，进教堂；钟声第三次响起，吃饭；钟声第四次响起，转到下个任务；等等。之所以说过去的修道院如何如何，是因为如今的修道院生活已变得非常自由，除了礼拜堂的钟声以外，再没有别的钟声。而我刚进修道院的时候，也就是距今30年前，修道院有很严格的戒律。钟声响起后，无论你正在看多么想看的书，你也必须合上书本，去你应该去的地方。再比如，你正在写信，写"木"字时才写到撇，这时钟声响了，你必须马上放下笔，去应该去的地方。这种训练，对于当时的我而言非常痛苦，但今天再回头看，我的心中充满了感激。钟声响起后，即使你觉得明明再读一行或读完这一页便能了解文章大意，即使某个字刚写到一半，你也必须立马停止。得益于这个规定，我拥有了自己劝说自己的机会。虽然我的这个经历有些过时，但我觉得其体现的原则在当下依然通用。因为它与时代无关，是一种让我们在该做什么时便做什么的训练。

在限制中，生活还是有更好的可能。

名字：自我同一性

除了需要重视礼仪外，我们还需重视自己的名字。

过去，我不是很喜欢自己的名字，有时甚至会想："要是父母帮我取一个更漂亮的名字，比如'小百合'之类的，不是更适合我吗？"但是，现在我喜欢上了自己的名字。某研究证明，人是否喜欢自己的名字与他是否接纳自己有关系。非常讨厌自己的人，也无法喜欢上自己的名字。遗憾的是，我们的名字都不是自己取的，自己无法更改。所以，我们必须爱上自己的名字。

在日本，女孩一结婚，姓氏便要发生改变，有人甚至盼着改姓氏。《男女雇佣机会均等法》颁布后，社会各界为男女平等的实现也做了各种努力。新生儿的国籍既可以随父亲，也可以随母亲，便是各界努力的结果之一。在此之前，在日本，新生儿的国籍还只能随父亲。而且，作为日本历来的习惯，女孩结婚后必须将户口迁入男方家中，冠上男方的姓氏。现在很多家庭只有一个孩子，因而招女婿上门的家庭也随之越来越多。在这种情况下，结婚后由男方改变姓氏的例子，也比以前多了一些。不过，无论是旧姓还是新姓，同学会的名单上都会列出来。在韩国、中国等国家，姓氏是不会因为结婚而发生变化的。同属亚洲，却有如此不同，想想也是挺有趣的。在美国，也有人结婚后依然使用自己的旧姓。比如，我和姓田中的人结婚，名字就叫"田中渡边和子"。大家可能会觉得奇怪，但有些美国人确实会同时使用旧姓和夫姓。在日本也有人十分在意自己的旧姓。不管怎么样，名字作为某个人的代号，肯定是十分重要的东西。

"大家一起闯红灯，就不害怕。"这是一句很流行的话。它的意思是，看见红灯时，如果是一个人，就不过马路，而如果是一群人一起过马路，就不害怕。我觉得这种心理在日本人身上体现得尤其明显。一个人的时候或少数人在一起的时候，就不会去当出头鸟——这体现的或许就是大家常说的自我同一性（identity）吧。而当别人无法判断某事是谁做的的时候，大家什么都会做。正如"旅行在外无相识，言行出丑也无所顾忌"所说的一样，大家在认识的人面前绝对不会做的事，在不认识的人面前，会毫无顾忌地做。我想问，在这个时候，"你"这个人发生了什么变化？换言之，为什么一个人的时候不去做的事情，很多人在一起的时候就会去做？毫无疑问，这是我们的心理使然，这种心理属于集团心理——这在很多书中都有提及。那么，在不认识自己的人面前，我们是否也可以让别人冒用自己的名字呢？

做人最重要的是按自己的信念生活，不可以做的事情，无论是一个人的时候，还是处于集体中，都坚决不做；应该做的事，即使大家不做，"我"也要去做。

"人格"是人格论的根本，而我们在思考"人格"时，"个体"的概念是我们应纳入思考范围的重要对象。此外，应重点纳入思考范围的还有"自己只能是自己，他人只能是他人"这个想法。而且，在谈到人格论的核心时，我们会反复提及"自己只能是自己，他人只能是他人"这一点。因此，土居健郎先生的《日本人的心理结构》一书中介绍的日本人特有的撒娇心理、自己与他人的一体感，都必须被慢慢地清除干净。

在社会中，你们必须逐渐割断与他人的一体感，舍弃"做这种事会被宽恕""会得到宽大处理""会有人帮忙"等想法。与此同时，必须逐渐培养自立的能力，让自己知道想要在社会上立足只能靠自己努力，自己的生活只能靠自己设计，自己的幸福只能靠自己创造——同样，自己的不幸也是由自己造成的。

安冈章太郎在《海边的光景》一书中，提到了"成熟与丧失"。正如他所言，我们在成长的过程中，也必须逐一舍弃难以舍弃的东西,并体验由此带来的孤独和寂寞。

人格

第二讲

(一）人格的定义

"人格"有两大代表性定义。第一种是6世纪的意大利哲学家波爱修斯（Boethius）所阐述的定义，这也是迄今为止最基本的定义。他对人格的定义是"拥有理性的个别实体（individual substance of rational nature）"。这听起来稍稍有些难懂。如果要用更简单、更直白的话说，那就是：所谓人格，即作为具有理性和自由意志的个人存在的责任主体。换言之，即具备思考能力、自由意志和选择能力的主体。

凡是人都有思考能力和选择能力。既然想作为一个拥有理性和自由意志的人被人认可,就必须承担相应的责任。"人格"的第二种定义,是20世纪的法国哲学家加布里埃尔·马赛尔(Gabriel Marcel)提出的。如果用现代的语言阐释该定义,便是以下内容:

> 虽然我们说谁都是人格,但是,真正能称之为人格的人,是自己做判断、根据这个判断下决断并为自己的决断负责到底的存在。如果仅仅是随声附和,我们能说他是个人,但很难说他是人格。

在这个定义里,出现了"人"和"人格"两个词。虽然我们常常混用这两者,但不论是刚才提及的波爱修斯的古典定义,还是马赛尔的现代定义,都告诉我们,能称为"人格"的人,并不是仅仅满足"你是人"的条件即可。换言之,除了生而为人外,只有具备理性的意志,会下判断、下决断并为此负相应的责任,才配得上"人格"这个名称。所谓以人格的身份生活，是指边认识、思考、选择，边追求更好的人生，边生活。虽然从某种意义上说这很可能是一种严以律己的生活方式，但在我看来，这也是一种理想的生活方式。

生命的质量，要用英语说，便是"quality of life"。你们听过这个词吧？"life"这个词，既有生活的意思，又有生命的意思。当指生活时，说人讲求"quality of life"，便是指"想提高自己的生活水准"的意思，或是指"想阻止环境破坏行为，过上拥有更多绿色的生活""为了守护健康，想要预防空气污染"等意思。阻止环境破坏行为、预防空气污染，是为了提高生活质量，估计没有人会反对吧！毕竟这对人人都有益。

但是，当"life"指生命时，当我们说到生命的质量时，问题就来了，比如，《生命伦理学百科全书》这本书。在这本书中，有观点提到：不是所有生命都是值得尊重的，只有"自觉的、理性的存在"才持有作为人格的价值。

我之所以说这些,是因为我知道,听完刚才的人格定义——6世纪的波爱修斯的定义,20世纪的马赛尔的定义——大家的心中肯定存有疑惑。特别是当大家听到马赛尔说"仅仅满足人的条件的人,配不上'人格'这个名称"时,大家可能会问:"这是不是意味着不完全具备理性和自由意志的人,就可以不被尊重,就不能称之为人格呢?"事实上,在当今世界,已有人因认为这样的人不能称之为人格便将他杀掉,并借此提升生命的质量。

刚才我们提到了"边认识边生活"。如果"只有自觉的、理性的存在才能称之为人格,才有存在的价值"这种想法横行于世,那么"即使杀死腹中的胎儿也不会有影响"的理论,便可以成立。因为凡是胎儿都没有形成人格性。确实,人和猿猴、狗、猫、马一样,都是动物的一种。如果将"会什么"作为衡量"是否应被尊重"的标准,那么我们便可以得出这么一个结论：会耍杂技的海豚或会给盲人带路的导盲犬，比重度残疾儿、失能老人以及胎儿更值得被尊重。

《生命伦理学百科全书》中，还提到了一个名叫约瑟夫·弗莱彻（Joseph Fletcher）的美国伦理学学者的言论。他说，智商未满40的人，是否能称之为人格，值得怀疑，而智商未满20的人，不能称之为人格。

如果这种说法被采纳，重度智障人士就不能作为人格受到平等的对待。而且，很可能社会上还会产生这种理论：因为重度残疾儿只是被称为"人"的动物，所以即使被杀掉也无所谓。此外，处于植物人状态的人也会失去作为人格的存在价值。实际上，在世界历史上，确实有这样的事发生。

"在古罗马，奴隶不是人"的说法，我想大家在高中时代已经学过了吧。因为奴隶不是人，所以古罗马的法律规定：杀死奴隶，不属于杀人，而属于损害所有物——用法律上的语言说，即只不过是损坏了自己的财物而已。在那个时候，因为大家常常买人和卖人，买回来的奴隶,便是主人的所有物,所以如果奴隶死了,只是主人的物品减少了一件而已。也就是说,在世界历史上,曾有过将人看成物品的时代。

到了中世纪,可能是受到基督教的影响吧,社会开始大力提倡人的尊严。但是,看中世纪的法律条文,我发现,当时的人并没有将畸形儿(英语中将它称为"怪物")看成人。而且,据说到了16世纪,法律才开始保护所有人的生命——畸形儿除外。因此,畸形儿到了16世纪依然未被作为人看待,这已是不可否认的历史。

到了20世纪,第二次世界大战的时候,纳粹德国对待犹太人的方式,也是惨不忍睹。他们不仅不把犹太人看成人,还将有精神疾病的人视为无存在价值的生命,或将他们送入毒气室使其被毒死,或先从他们的头发和身体中提取出油脂,再用油脂制作肥皂。如果大家读维克多·弗兰克尔(Viktor E.Frankl)的《追寻生命的意义》,便能读到我说的这些情节。我从某个夜晚开始读这本书，几度因害怕而读不下去。在这本书中，维克多清楚地再现了很多惨绝人寰的场景，让我不得不感叹"怎么能对人做出这种事呢"。大家有机会可以读一读。不过，在这本书中，维克多除了描写制造血腥的凶狠之人外，还描写了临死前依然拥有高贵的精神和灵魂的人。因此，看这本书，我们可以明白这一点：在人的身上，高贵的部分和禽兽不如的部分是同时存在的。对纳粹而言，无论是犹太人，还是患有精神疾病的人，都是不值得存在的生命。从中不难看出，20世纪也有以这种残酷的方式提升生命的质量的时期。因此，今天说到与生命的质量有关的伦理问题时，我有种仿佛回到古罗马或纳粹德国的感觉。

我之所以在这里谈及过去的错误思想，是因为现在有很多人正利用基因工程这个利器，提倡大家持有"只有有用的生命，才是在社会中有存在价值的生命"这种想法。

相反，我想呼吁大家持有"生命的尊严与生命的质量无关"这种想法。因为我讲的是人格论，所以我刚才阐释了人格的标准定义。但是，我本人却相信——马赛尔也是这么想的——即使无法完全发挥刚才说的自觉功能和理性功能，只要是人，就必须被尊重。

但是，现在社会上正在允许某类事情发生。为了提升生命的质量，有人希望社会不需要的人都死去。此外，还有人希望准妈妈们打掉出生前就知道有问题的胎儿。因为即使出生了，也无益于社会。除这个原因外，还因为这些人会占用社会的福利，会使社会福利的水平有所降低——很多人都持这样的主张。

对此持什么样的态度，是人们的自由。我想问的是：生命的尊严与身体状况，难道不是两码事吗？难道我们不应该认为生命本身与"会什么、不会什么"完全无关吗？卧床不起的病人，他的生命就比别人轻一些吗？积极工作的人，他的生命就比别人重一些吗？精神恍惚的老人，他的生命之火就可以被吹灭吗？对社会有用的老人，他的生命就必须得到大家的呵护吗？

从某种意义上说，我们女人和生命的联系比男人更加密切。因为我们可以在腹中孕育并产下另一个生命，这是男人们无论如何也做不到的。无论我们怎么强调男女同权、男女平等，他们也做不到这一点。即使是借其他女人的肚子生孩子，至少在现在这个阶段，也须以在女性体内孕育10个月为前提。也是因为这个前提，女人与生命有更密切的联系。从某种意义上说，即使在生理上"为所欲为"、不管不顾的是男人，在发生性行为之后的责任，也一定和女人有关系。发生疼痛、伤害的大多数场合，都和女人有关系。

有位居住在广岛的妇产科女医生写了一本书叫作《再见，让人悲伤的性》。在这本书中，她深深地哀叹道："为什么一个女高中生会听这种男人的话，为他怀孕，而在尝到苦头后又不得不打胎？"毕竟最终吃苦头的是女人，身体因此而受到创伤的也是女人。

可能说得有些离题了，但因为大家都是和生命有密切联系的人，所以我有必要讲讲。如今已是一个通过羊水检查便能知道腹中胎儿是男是女的时代。因此，如果在生完两个女孩后又怀上一个女孩，即使有人和你说"快打掉"，我也不觉得奇怪。说"快打掉"的有可能是你的丈夫，也有可能是你的家人，又或许是出于你自己的想法。过去，孩子出生前我们是不知道他的性别的，身为人母者通常会把孩子视为天赐的礼物生下来，而这样的结果是，又一个女孩出生了，或者又一个男孩出生了。也就是说，人们接受自己无法决定的孩子的性别，并将孩子视为天赐的礼物。但随着科学的发展，我们在孩子出生前，而且是在可以打胎的时期，便能知道胎儿的性别。因此，想打掉孩子的欲望便随之产生了，为是否打掉孩子而犹豫的人也出现了。就这样，生出所期望的性别的孩子，也变成了可能。

检查除了能辨别男女外，还能让我们知道胎儿是否健康。如果发现有问题，有人就会对你说"还是打掉好"。比如，在不知已怀孕的时候吃了感冒药，在不知已怀孕的时候做了X射线检查，或得了风疹，或许都对腹中胎儿有影响。这时，打掉胎儿或许更为保险。当大家面临这种问题时，怎么做决断？思考后做出决断并为之负责，才是拥有理性和自由意志的主体的做法。

世上有各种各样的伦理观。腹中孕育的生命绝对不可打掉的伦理观，也深深扎根于一些人的心里。这也是基督教的伦理观。基督教认为，从卵子和精子结合的那一瞬间开始，生命便形成了。不过，社会上也有按照"几个月前可以，几个月后不可以"为标准决定是否打胎的观点。

在基督教没有牢牢扎根的日本，佛教的生死观给人带来了很大的影响。我以前也是佛教徒，佛教徒都认为人死后靠轮回便能再次降临人世。因此，他们都有认为自杀不是坏事的倾向。他们虽然没有对自杀持肯定态度，但也没有将其作为极坏的事予以否定。他们认为自杀是自己闯入无边的森林后，因无法逃出困境而选择的死法。一方面，他们理性地认为不可以这么做，另一方面，他们有时也会向往这样的死法。他们之所以这么想，或许是因为在佛教的观点的影响下，对这个世界的留恋比较少吧！可以说，这种想法已深深扎根于日本人的心中。因此，有很多人认为，如果知道腹中的胎儿不是身体健全的胎儿，不让他来到人世是爱他的最好方式。今后大家在面对这个问题时如何做决断，是你们的自由。不过，请一定要围绕"人的尊严"展开深入思考。无益于社会的生命，就没有生存的价值吗？没有别人的照顾就无法生活的人，死了比活着更好吗？请成为思考这些问题并质疑的人。

关于人格的定义，一个是古典式定义，一个是现代式定义。为了不引起误解，我想补充一句话：并不是只要头脑聪明便是伟大的，同样，并不是只要不完全具备理性和自由意志，我们就可以轻视他。

人的尊严不由他是否完全具备理性以及自由意志决定，两者并没有关系，只要是人就值得被尊重。无论是笨拙的孩子还是能干的孩子，无论是智商高的孩子还是智商低的孩子，无论是一只脚不好使的孩子还是全身健全的孩子，无论是能言善辩的孩子还是沉默寡言的孩子，无论是卧床不起的老人还是能精力充沛地工作的老人，无论是健康的人还是常常生病的人，都值得被尊重。因为是否被尊重既与他们的身体条件没有关系，也与他们能发挥理性和自由意志的程度没有关系。如果大家都能对世间每个独一无二的人持尊重的态度，那是多么令人高兴的事。

人格论，是一门与"价值"密切相关的课程。数学课的授课过程中几乎不会提及我们所说的"价值"。还有自然科学、物理、化学等课，也都是与"价值"没有关系的课。语文课、社会课，会多少涉及"价值"。但在我们人格论的课上，"价值"会被清楚地提及。或许你们之中有人会因为这一点而跟不上我的课。不过，我想向大家声明一点：我在课上清楚地说出了自己的价值观，并不是想让大家和我持相同的价值观。考试的时候,我并不会因你们写出了不同于我的想法而不给分。如果你们持有不同于我的价值观,希望你们做能清楚地表达自己的价值观并对此持有信念的人。今天我在说话的时候,也带入了我的价值观,如果大家觉得我的话与你们的价值观有冲突,这是一件好事,大家不妨把自己的想法写出来。

(二)成长,即人格化的过程

我们都在成长。首先,审美能力有所提升便是成长之一。大一的时候,大家都是一副让人目瞪口呆的模样。可能是因为高中一直受到非常严格的管教,所以等到好不容易自由的时候,你们是这件衣服也想穿穿,那个发型也想剪剪,这个饰品也想戴戴。那时候,每次看到你们,我都会想,你们这么穿戴可能是因为这些东西是同时上市的吧!因为你们觉得选的都是最适合自己的东西,所以不怎么注意自己的整体模样。其次,从只持有利己主义态度的人变成为他人着想的人，也是成长之一。我觉得这是一种大成长。之前你们只为自己的事情忙碌，而现在你们不仅会把自己的事情放在一边，腾出时间去体贴别人，还会思考自己的行为会不会给别人带来影响。在这一点上，我觉得你们成长了不少。

我认为，我们可以从各个方面看成长。比如在"爱"这一方面的成长。从前我只爱这样东西，但现在也爱其他东西；从前我只爱外观好看的东西，但现在不这样了。这是成长的一种。以前，如果听到表扬的话，我很高兴，而如果听到提醒我的话，我立马生气。但是今年，在被人提醒的时候，我会说一声"谢谢"。这也是成长的一种。换言之，我开始喜欢别人给我提忠告，我已经能以感激的心情接受别人的忠告。此外，变得自由也是成长的一种。大学以培养自由人为目标，指的是要培养出不束缚自己、敞开心胸、以自己的原本姿态生活的学生。我觉得这也是成长的一大方向。

从"什么"到"谁"

人格化的过程,是成长的一个过程。虽然人生出来的孩子肯定是人,但他们是逐渐成为拥有理性和自由意志的主体的。我认为,婴儿出生后,拥有被称为"man"或"woman"的性别的他们,逐渐变成"person",是人成长过程中的一个重要环节。我们或许可以说,这是从"什么"成长为"谁"的过程。举一个大家可能觉得无聊的例子,比如当我们问小婴儿"你是谁"时,他无法回答,而当他长到2岁或3岁的时候,你再问他"你是谁",他就会说出自己的名字,他会告诉你"我是某某"。刚出生的时候,我们不仅不会说自己是谁,也不知道自己是什么样的人(即不知道自己的identity)。之后在逐渐长大的过程中,渐渐了解自己是谁,我觉得这也是成长。去年认为自己是这样的人,但今年对自己有了更深的认识,而且对自己想成为什么样的人(即理想的姿态)有了清晰的认识,这也是成长。

当被问"什么是正确的,什么是不正确的"时,我们可以回答说:"这因人的价值观而异。"由于现在是个价值观呈多样化的时代,所以像过去那样要求你必须怎么想的规定已变得越来越少。如今也有奉行全体主义的国家,一般都是由政府规定在什么事上人们必须怎么想。在过去,当持有某种想法的人被视为一种危险的存在时,就会被带入监狱。在当下,这样的规定变得越来越少。而这样的结果是,判断什么是正确的,也就变得越来越难。或许有人希望上幼儿园、小学、初中、高中的时候老师会教学生从客观上看什么是正确的、什么是错误的。但实际上,教现在的孩子什么是正确的、什么是错误的,已变得越来越难。

一次,我在某中学演讲的时候,该学校的老师告诉我,现在有扒窃行为的中学生越来越多。让人苦恼的是,那些孩子不认为扒窃是坏事。越来越多的初中生和高中生认为,扒窃后如果被发现,只要把钱、物品返还即可,没有什么大不了的。而且,持这种想法的父母也变得越来越多。他们认为，扒窃后被发现，把东西放回原处就行。如果是把扒窃的东西吃了，赔付相应的钱或比这更多的钱，对方也没有什么损失。很多孩子都认同这种想法。

不仅如此，当孩子被发现，父母还会极力争辩说："这种行为哪里不好了？"因为他们的父母也认为，东西都返还了，也赔了更多的钱，对方并没有什么损失。面对这样的孩子和父母，我们究竟怎么样才能说清楚"人不可扒窃"？该学校的老师说："在当今社会，当被问'为什么这是坏事'时，回答'不管怎么样，都不可偷盗'已没有效果。"正如他所言，将"为什么"解释清楚，已变得越来越难。但是，我们不能因为难就放弃，我们应清楚地表明我们的道德观。

在思考后选择

在人格化的过程中，我们得先让自己成为能思考和判断什么是正确、什么是错误的人，成为能选择更好的选项的人。我认为这是人格化过程中最为关键的。因为成为会思考、会选择的人——而不是凡事依靠他人的人,才是人格化的第一步。

良好的教育能帮助我们更好地思考,能让我们做出更好的选择。至于我们应以什么为标准判断自己做出的选择是否是好的选择,我认为幸福与否便是标准之一。

如果你没有自己的信念,当有人和你说"虽然老师这么想,但我不这么想"时,你就很容易因招架不住而认可他的想法。可以说,成为一名教育者,即意味着成为持有某种信念生活的人。并不是要用信念去说服前来听课的学生,而是让信念成为一堵墙,让学生在与信念之墙碰撞后有所思考。什么都按照自己所想的进行,孩子不会长大。孩子的前方必须有阻挡他们前行的东西。从某种意义上可以说,现在的父亲、母亲,都害怕自己成为阻挡孩子前行的墙壁。孩子说什么便是什么,认为这是为了孩子好,实际上是害了孩子。想要让孩子不断成长，就必须让他们去与阻挡他们前行的墙壁碰撞。等他们真正与墙壁碰撞后，他们才会思考："啊，怎么办？如何才能打碎这堵墙？我是绕道走，还是跨过去，或是打碎它？"如果不为孩子提供这些促使他们思考的材料，换言之，不让他们经过反抗期便让他们长大，他们就不具备在遇到挫折后使自己复原的能力。而且，他们会非常脆弱。实际上，在我们周围，失败后不具备站起来的勇气和将弄坏的东西恢复原状的复原力的人，非常多。

其原因之一是，和我成长的时代相比，现在的孩子都在被过分保护、不怎么允许犯错的环境中成长。在人生之中，犯错是很重要的经历。不过，错误有无法挽回的和可以挽回的之分。最初，让孩子将这两种错误区分开或许很难，但父母有必要让孩子从小开始犯一些并无大碍的错误，让孩子学会从错误中站起来。

观察幼儿园的孩子，我发现他们经常把左右鞋穿反。在他们的妈妈之中，有的妈妈从一开始便将左右鞋摆好，让孩子绝对不会穿错。实际上，告诉孩子"你自己穿穿看"，让孩子在体会到不舒服的感觉或发现形状有异于正常后自己主动换左右鞋，是个重要的经历。鞋子仅仅是其中一个例子，父母应让孩子反复进行这种练习，让他们养成先思考后选择的习惯。这样一来，以后即使遇到了大事，也能先思考、再选择；即使犯错了，也能补救。不过，如果一直让孩子觉得什么错误都是可以挽回的，就有可能让孩子犯下不可挽回的错误。到那个时候，情况会变得十分复杂。

教育的一大任务，是让大家成为能选择未来之善而非一时之善的人，成为能选择人格之善而非顷刻之善的人，成为能选择利他之善而非利己之善的人。教育的最终目的是让大家拥有自制力。所谓自制力，并不是指斯巴达式自制力，而是以更大更好的善为目标的自制力。正因为以更大更好的善为目标，所以大家才能抑制当下的小善、劣善，才能等待大善的到来。我认为，让大家具备这种自制力，是教育的重要作用。

我说这些的真正意图是希望人们成为不按本能快速做出冲动选择的人,成为在深思熟虑后做出正确选择的人。

(三)作为人格的生活方式、待人方式

自己是不可替代的存在

这里有一段20世纪哲学家马丁·布伯(Martin Buber)说的话:

> 降临人世的每个人都拥有某些新的东西、独特的东西。他必须知道,这个世上没有和他一样的存在。因为如果有与他一样的存在,他就没有存在的必要。每个人都是为了完成只有自己才能完成的使命而活在这个世上。

这些话绝不是说给别人听的,而是说给我们每个人听的。我在这个世上,只有一人。因此,必须重视

自己，不能以敷衍了事的态度活着。或许拿自己和别人比时，会发现自己不如人，而且是在很多地方不如人。或许很多时候我都会想："要是能像他那样就好了，真想成为像他那样的人。"但在重振精神后，我会这么想："他不是我，我也无法成为他，也没有必要成为他。我是作为我来到这个人世的。"在一个人对自己绝望的时候，能否这么想，十分重要。

"使命"这个词，可以理解为"使用生命"。我们每个人都拥有使用自己生命的使命。或许我们并不能为社会、为他人做什么大事，但是我们拥有既然出生了就必须活下去的根本性使命。因此，什么也做不了，只会给人添麻烦的长年卧床的老人，也有活着的使命。我们不可杀了他，不可将他的死期提前。我看我母亲的时候，便是这么想的。我母亲在生命的最后一年，已成为活不活都一样的一位老人。虽然让她住进了医院，让人专门照顾她，但还是没有什么用处。由于晚上不知她会去什么地方，所以我们还让她住进了可以锁门的病房。尽管如此，当我看着这样的母亲时，我还是希望她能活下去。虽然当时她已87岁，我还是想让母亲将已走过87年岁月的生命用到最后。虽然她已对别人毫无用处，只会给人带来麻烦，虽然照顾人是一件很辛苦的事，但我绝不认为我们可以因为辛苦而将需要照顾的人从地球上"抹掉"。毕竟我们自己也会有必须对自己说"这个世上只有一个自己"的那一天。

不介意自己与他人不同

做不介意与他人不同的自己，即意味着认同不介意与自己不同的他人。在犹太谚语中，有这么一句话："不要想比别人优秀。请成为与别人不一样的人。"这是一句能给人以安慰的话。想比别人优秀的心情，经常会在我们的心中涌现。

如果是处于有很多人的团体中，我们往往想在这些人之中成为最闪耀的人，想被大家喜欢，想被当作"大人物"看待。我想谁都有这种欲望。但是，当我们想被认可却得不到认可的时候，当周围的人闪耀着光芒而自己相形见绌的时候，我们就应想起这句犹太谚语："不要想比别人优秀，请成为与别人不一样的人。"这句话告诉我们：我们应注意到自己与他人的不同，应不介意自己与他人不同，或许我们和他人的不同之处正是我们不如他人的地方，但也没有关系，毕竟我们不可能成为与他人一样的人。

曾任联合国秘书长的达格·哈马舍尔德写过一本非常不错的书——《路上标志》。在这本书中，他说："无论是自己的喜悦还是悲伤，都与我是否比他人优秀无关，只与我是否接近自己应有的姿态有关。"哈马舍尔德是一个写下很多富有哲理、发人深省的文字的人。他想说的是：自己的悲伤、喜悦或痛苦，不是建立在与人比较的基础上，而是与今天的自己是否比昨天更接近自己应有的姿态有关。

此外，要说自己的心应该被什么占据，他认为应该是自己是否说出了真正该说的话，是否采取了真正该采取的绅士态度,而不是在与他人比较之后思考该如何做。他就是这么一个把自己放在自己生活中心的人,他从不把他人作为衡量自己的标准。当我们将他人作为衡量自己的标准时,我们是痛苦的——当然,别人也有将我们作为镜子的时候。我觉得将他人作为我们努力的目标,让自己成为更好的人,就已足够。在竞争激烈的社会中,持有不想输给某人的态度,是件重要的事。但如果总是以他人为衡量自己的标准并为此摇摆不定,是不是又太可怜了呢?确实,无论是将某人作为努力的目标,还是想成为像某人一样的人,都不要紧。但是,你不可忘了"你不是他"这一点。

《圣经》中有一则关于才干的寓言故事。故事说的是有个人在出去旅游前,分别给了三个仆人五个塔伦特[1]、两个塔伦特和一个塔伦特。某一天,这个人突然回来和仆人们算账。拿到五个塔伦特的仆人说:"主人,

---

[1] 古罗马货币单位,所对应的英语是"talent",现在"talent"主要指"才能、才干"。

你不在的这段时间,我赚了五个塔伦特。"主人表扬道:"你真是一个令人佩服的人。"接着,拿到两个塔伦特的仆人上前说道:"主人,你不在的这段时间,我赚了两个塔伦特。"于是,主人表扬道:"你也是一个令人佩服的人。"但是,拿到一个塔伦特的仆人却这样说道:"主人,你不在的这段时间,我因害怕自己把钱弄丢了,就把它埋在了地下。现在在我手上的还是你给的一个塔伦特,请收下。"主人听完后,边说"你真是一个又懒又坏的仆人",边没收了他手上的塔伦特。

这个寓言故事可以让我们思考很多。首先,我们每个人所拥有的东西,都是上天赐予的。比如某人拥有很悦耳的声音,某人跑得很快,某人特别聪明,某人擅长画画,等等,说的都是某人具备某种才干。而这种才干,实际上是上天赐予的。因此,得到五个塔伦特的人不应向只得到两个塔伦特的人逞威风。声音悦耳的人也不应在声音难听的人面前炫耀。因为,这些毕竟都是上天赐予的。

其次，我们可以想到这么一个重要的问题：在人生的终点，即主人回来的时候，我们用上天赐予的才干赚了多少。比如你是一个拥有悦耳声音的人，你是如何使用上天赐予的声音的？你用你的声音为社会增加光亮或喜悦了吗？你是否没有将声音作为你夸耀的资本，是否曾用它安慰别人？再比如上天赐予你的是头脑、智慧，你用它做了什么？得到五个塔伦特的人将塔伦特变成了十个，得到两个塔伦特的人将塔伦特变成了四个。这两个人都赚了一倍。等我们死的时候，被关注的不是拥有之物的具体数量，而是你用上天给予你的东西"赚了多少倍"。只拥有两个塔伦特的我，与其羡慕拥有五个塔伦特的人并在羡慕中终了一生，不如将得到的两个塔伦特增加到四个——这才是我应该做的更重要的事。被赐予五个塔伦特的人，必须将其增加到十个；被赐予更多的人，也必须返还更多。上大学的人必须比那些只上到中学的人返还更多。这是我们不可忘记的事。如果被赐予一个塔伦特的人将塔伦特变成了两个，我觉得他也会受到表扬。在人生的终点，重要的是你将最开始拥有的东西增加了多少，而不是你拥有的是"十"还是"四"。我认为这是这个关于才干的寓言故事想告诉我们的第二点。

"人生如戏"，是莎士比亚说的吧？他说，并不是说在舞台上扮演国王的人就是好演员，而扮演乞丐的就是坏演员，是否是好演员要看扮演国王的人演得是否像国王，扮演乞丐的人演得是否像乞丐。当人生结束、演出散场时，你会被问"你是否将这个角色演得逼真入神"，而不会被问"你扮演了什么"。确实，如果扮演的是国王，就可以穿漂亮的衣服，如果是王妃，就可以戴皇冠，而且还能得到众人的服侍。而如果扮演的是乞丐，不仅得穿着又脏又破的衣服，或许还得过着被众人看不起、有上顿没下顿的生活，这种辛酸或许得持续一辈子。但是，在人生闭幕的时候，你被问的不是"你做了什么"，也不是"你得到了多少塔伦特"，而是"你将最初得到的塔伦特增加了多少倍"。

如果这么想，或许大家就不会过于羡慕别人。因为胜负要看"增加了多少倍"。容貌出众之人，或智商很高的人，确实值得我们羡慕。但是，在你羡慕的时候，时间也在流逝，而这样的结果是最终你只能在羡慕中草草结束一生。如果有羡慕别人的闲暇，还不如用这些时间增加自己拥有的塔伦特。这种想法也是认同不介意与他人不同的自己以及不介意与自己不同的他人的最佳表现。

活出自己的精彩

山本有三在《路旁之石》中，让老师对学生吾一说了以下这句话：

唯有一个的自己，又只有一次生命，要是不能很好地活着，人的出生还有什么意义呢？

总是以他人为标准衡量自己是否悲惨、是否伟大，并不是恰当的行为。唯有一个的自己，如果不能按照自己的真实姿态走好只能走一次的生命之路，没有好好地活过，那么，人的出生还有什么意义呢？所谓生而为人的意义，即自己能创造自己的生活。导盲犬在接受训练后，可以为盲人带路；经过训练的良种马可以出席赛马比赛领奖。或许对于狗和马而言，"为盲人带路""出席赛马比赛领奖"，即体现了它们的生存价值。但是，马或狗等动物，无法靠自己创造自己的生活。而人就不同了，因为人是具有理性和自由意志的主体，所以可以靠自己创造自己的生活。既然这样，不看着他人的影子生活，活出自己的精彩，不就是我们要做的重要之事吗？

"你看也好，不看也好，我就是要开花。"我很喜欢这句话。在一生之中，或在一年之中、一天之中，我们肯定有被别人关注的时候。与此同时，我们也有被抛弃、被无视，只能寂寞地绽放自己的时候。这些时候，我也要绽放自己。或许在他人的关注下，我们确实可以绽放得更好，但是，正如"不看也好"所言，我们不会因为没人关注，就不绽放自己。即使没人看，我也不介意，"我就是要开花"。希望你们也能绽放自己的花朵。

"心中念想，花就开放"是坂村真民经常在书中提及的一句话。"念"这个字，可以拆成"今"和"心"两个字。意思是说：如果我们真正念想，用心活好自己生命的每一瞬间，花就会开放。而这朵在我们的念想下开放的花，无论别人看还是不看，都要好好地盛开。这种姿态，我觉得非常美。即使开出的既不是大家公认的漂亮的花，也不是可以装饰在店铺中的高价花，也没有关系，因为能否开花才是最重要的。

我曾说过"小花就开小朵花"这句话。在我看来，比起花开多大、在哪儿开放、是早开还是晚开，是否开花更为重要。我让"今日之花"开放了，如果别人看了后向我道喜，我会大方地说一声"谢谢"。如果自己的花能温暖某人的心，确实是件好事。但是，我们也会经历因无人在意而只能在墙根悄悄开放的时期，或者经历大家都关注、表扬朋友的花，自己却无人问津的时期。尽管在这种时候，我们会觉得十分寂寞孤独，我们也要持有"不看也好"的姿态。我认为，"我是我，我就是要开花"的生活姿态，虽然让人感觉有些孤单，但十分美丽。以这种姿态生活的人，最终都能活出自我。

不过，我说的"我是我，别人是别人"，并不是说可以自暴自弃。"反正我……"，我不怎么喜欢这句话中的"反正"这个词。虽然大家在开玩笑的时候也会说"反正我……"，但我总觉得不太好。在我看来，因为"我"是世上独一无二、不可替代的自己，所以不应该自暴自弃，而应以"我是我，别人是别人"的心态绽放自己。而这也正是我们能漂亮地绽放自己的秘诀。

在与他人的比较之下怀着优越感或自卑感生活，很没有意思。确实，在我们的日常生活中，有很多事情会让我们产生优越感或自卑感。但是，如果我们让这些事情成为生活的主流，那就是在浪费生命。毕竟在人生中活出自己的精彩，才是最重要的事。当然，为了活出自我，我们有时也需要他人这面镜子，也需要时而从他人那里获得启发，时而被人藐视。但是，无论何时，我们都应持有"我是我"的觉悟，这一点很关键。

让自己拥有自主性

我在介绍人格的定义时说到，具有思考能力、自由意志和选择能力的责任主体，才是人格。马赛尔也说，随声附和的人仅仅是人，被称为"人格"的人，是会自己下判断、做决断并为此负责任的主体。不是别人撞一下，我就往右走，别人推一下，我就往左走，而是自由地向右迈出一步，在考虑之后再向左走一步。我们必须成为按这种方式生活的人。

"让自己拥有自主性"，还包含"拥有独自的世界"这层意思。换言之，在自己拥有独自的世界的同时，也要允许他人拥有独自的世界。小说《友情》的作者武者小路实笃曾写下这么一句话:"你是你,我是我,但你我是好朋友。"这句话的意思是,虽然你是你、我是我,但你我也可以关系亲密。我们在思考"好朋友"这个概念时,容易认为"你是我,我是你,因此我们才是好朋友"。换言之,互为朋友的你和我是合为一体的。两个年轻人各用一根吸管,以额头贴额头的方式喝同一杯果汁,这是一幅爱的图景吧!这其实与接吻、性行为是一样的,都体现了你和我合为一体的整体感,这种整体感便是两人相爱的证明。而武者小路实笃写这句话是想表达大人的情感世界:即使用不同的杯子喝果汁,或者是你在喝酸橙汁,我在喝橘子汁,我们也是好朋友。我觉得拥有用两根吸管同喝一杯果汁的时期,有过这种经历,也是一件不错的事。这种经历可以让人深切地感受到幸福。但是,我们不能一直用两根吸管同喝一杯果汁。你喝咖啡,我喝牛奶,也能成为好朋友。

我常常想,当我们将一个人的世界视为一个圆的时候，两个人就是没有任何关联的两个圆。但是，当两个人结成关系后，两个圆便可以以不同的形式组合在一起。其中一种是用自己的圆装下对方的圆；还有一种是自己的圆和对方的圆互相重叠；还可以有第三种形式，即两人之间既有重合的部分，也有独立存在的部分。我认为两个人拥有完全重合的世界，属于爱的理想状态，因为两个不同的人的世界不可能完全重合。我们出生的时候是一个人，死的时候也是一个人。而且，在活着的期间，无论两个人的手握得多紧，额头贴得多近，他们的心也不可能十分紧密地贴在一起。你可能觉得你曾有过两颗心完全重合的瞬间，这样的瞬间让你觉得非常幸福，但实际上这是不可能的。我觉得我们可以边重视人格与人格交汇的部分（即两人共同拥有的部分），边互相尊重对方独自拥有的部分。至于独自拥有的部分是否藏有很多秘密，我觉得不一定。确实，A不能和B说的秘密，可以藏在这个部分中。但独自拥有的部分，并不是指这种意义上的空间，而是指不可替代的"我"的独自生活空间。

前些日子,我收到了一封来自一位十多年前毕业的学生的信。这位学生已经结婚生子。在这之前她给我写信,大部分都是发牢骚的话,比如"生活很无聊"等。但这次与之前大有不同。她在信中说:"因为孩子也大了,我就开始在某个地方工作。工作后发现工作中有很多我当家庭主妇时未曾经历的复杂的人际关系。回顾我迄今为止的婚姻生活,我意识到,我的丈夫在和我一起生活后,完全有别于我心中对他所持有的印象。比如我说'今天的天空很清澈很漂亮呢',他只会答一句'是吗',眼睛都不离开报纸一下。这样的他,多少令我有些不开心。不过,在我开始工作后,我遇到了一位和我频率相同的男士,他比我小7岁。当我说'今天的天空很清澈很漂亮呢'时,对方就会回以相同频率的话。于是,我觉得我获得了生存的意义,对每天穿什么衣服也有了热情。"读完这些,我感觉她有点危险。这位毕业生是个很漂亮的人。接着,她还讲了一件有意思的事。

她说:"在与他见面前,我无论怎么好好梳头发,都做不成我想要的发型。但就是这样,他也会说'今天的头发向内卷,美得不可思议'。虽然在听到的那一瞬间,我会想'真是这样吗',但我知道这是他为使我开心而精心设计的话。周围的同事都提醒我说'如果不留心,很危险',我却认为,男人和女人之间是有友情的。我不知道为什么大家马上会与性联系在一起。"接着她还说:"开始工作已有一年半,现在我依然会在晚上和那位和我有相同频率的男士通话聊天,有时是一小时,有时是一个半小时。"毕竟我是教人格论的老师,所以我在回信中告诉她"要小心谨慎"。在英语中,我的这种行为被称为"蒙湿布[1]",但其实我这么写并不是想挑拨关系。我在年轻的时候,也曾有一段时间对男女之间是否可以一直保持友情怀有很深的疑问。因为我经历过,有这方面的经验,所以虽然我相信我的

---

1 与我们常说的"泼凉水"是近义词。

学生，但依然想告诉她"人的感情容易发生各种各样的动摇"。我们有感情稳定的时候，也有感情不稳定的时候。

今天之所以说这些，是因为这位学生既有和丈夫一起生活的部分，也拥有自己的个人生活空间。她在信中说："我对丈夫没有内疚感，只是有时会觉得过意不去。这种时候，我就会对自己说'我充满活力、富有朝气地活着，也是回馈丈夫的一种形式'。"她的话，可以用英语中的"rationalization（合理化）"来形容。这是我的感觉。读完细细寻味，我觉得她真是一个诚实的好人。如果她是一个充满活力地活在与丈夫毫无关系的世界中的人，我就绝不会以她为例子告诉大家如何生活。我想说的是：在生活中，我们有必要从被丈夫束缚、被家庭与家人束缚等不自由的状态中解放出来。当一个人在金钱上自由、拥有很多闲暇、拥有精神上的独立和自己的名字，并作为既不是妻子也不是母亲的独立女性活出自我时，她肯定活得生机勃勃。

不过，前提是必须把握好分寸。

虽然大学是一个培育自由人的地方，但大学所崇尚的自由，并不是可以任意而为的自由，而是解放你的精神、让你做本来的自己的自由。请一定不要误解我的话。我说的"自由"，也不是指自由奔放的生活方式。自由本身是有一定限制的。我们一旦结婚生子，便要遵守相应的条条框框。但是，过着受束缚的生活，是不正常的。我认为，想要从束缚中解放出来，也不一定非要像刚才那位毕业生那样交一个异性朋友。可与你谈论有趣话题的频率相同之人，既可以是同性，也可以是异性，只要是谈得来的人就可以。但是，请一定不要越界。这也是我反复强调过的。拥有独自的世界，也伴随着危险。但是，如果害怕这种危险，你就可能无法按照可展现真正自我的生活方式生活。

同一化，是一种理想状态，是不可能实现的。拥有与被拥有的关系也绝不是具备自主性的人所追求的。确实，爱这种东西，往往会让人想成为对方的一部分。

女方如果不当心，想成为对方的一部分的想法就会变得十分强烈。同时，男方想让女方成为自己一部分的独占欲原本就很强——也可以将这种独占欲称为征服欲。我觉得，接受过大学教育的人，特别是接受过人格教育的人，能否像易卜生在《玩偶之家》中塑造的主人公娜拉一样让自己觉醒，很关键。毕竟我们都必须拥有"我不是玩偶"的觉醒意识。

接着，我们看自主性所包含的另一层意思——自立。去超市打工，和丈夫一样工作挣钱，为自己赚来任由自己支配的钱；讨厌被家务、育儿束缚；在想出门的时候出门，和自己喜欢的人交往。将这些行为视为拥有自主性之人的自立行为，未必有意义。毫无疑问，在经济上独立、在社会上自立，是一件好事。1982年是国际妇女年设立以来的第十年[1]，即使是从这一点考虑，我们也必须思考女性的自立问题。而且，现在正在举办以"女性如何改变世界"为主题的国际讨论会。

---

[1] 1972年在联合国妇女地位委员会24届会议上，将1975年定为"国际妇女年"。

在这种形势下，大家有必要思考一下"在自己看来，什么是自立"这个问题。

我曾出席在福冈召开的女子大学联盟的会议。这是一次允许御茶水女大、奈良女大、东京女大、日本女大等19所女子大学参加的会议。在这次会议上，"女性学的现状与展开"是一大议题。在我们大学，虽然女性学（Women's Studies）还未作为一个单独的科目进行授课，但从广泛的意义上来说，我们的人格论课程便是女性学。我本人不是很喜欢"女性学"这个称呼。我觉得，既然有"女性学"，就应该有"男性学"。但有人认为，因为当下社会是一个男性占优势的社会，如今是一个一切都以男性为中心运转的时代，所以必须起"女性学"这个名字。提到"诗人"二字，一般都认为是男的；如果是女性，就必须在"诗人"二字前加上"女"字。提到"小说家"的时候也是如此，如果没有加上"女"字，一般都认为是男小说家。要是提到课长、部长、局长、社长，也全部是男的。要是哪位女性当了社长、部长，报纸都会大肆渲染一番，从中就能看出，如今是一个以男性为中心的社会。因此，他们将议题起名为女性学，我没有反对。实际上，在参加女子大学联盟会议的19所学校中，由女性担任校长的大学只有日本女大学、津田塾、圣心、白百合、清泉和我们学校。

让人觉得可悲的是，当讨论到女性学这个议题时，积极发言的全是我们这些女校长。有的男校长竟然在打瞌睡。可能是因为他们对女性学抱有轻视的态度吧！不过，这还算好的。在六七年前，也是这个会议上，男校长们曾纷纷说"女人还是老实温顺点为好"等类似的话。而且，"希望女人都是可爱的人、讨男人喜欢的人"等让人生气的话，也是他们这些女子大学的校长说出来的。如此比较下来，参加这次大会，我已有了隔世之感。但是，即便如此，从男校长对待女性学的态度来看，我觉得日本还是一个男人至上的国家。

从自立的话题，我引出了这么多话。其实我想说的是：女人在男人的世界中求自立，就像那些被称为"男女平权主义者"的人所倡导的一样，不是要与男人为敌，而是不论男女，都要作为一个拥有理性和自由意志的人生活在社会中。我想以被赐予的女性的身份努力活好自己。我觉得女人没必要非战胜男人，或向男人示弱不可。男人有男人的领域，女人有女人的领域，不是挺好的吗？而且我觉得，发挥自己的性别优势活出自我才是我们要做的重要之事。

欧洲有这么一则电视广告：先是一个可爱的男孩出来说"我是男孩"，接着一个可爱的女孩出来说"我是女孩"，在这之后，两人互相看着对方的脸说"真好哇"。大家和睦相处，并不因为你是男孩或女孩而另眼相看，这是多么好的一件事！在这里，我想强调的是精神上的自立和人格上的自立。当然，想要在精神上和人格上自立，经济上和社会上的自立也是必须具备的。但是，在为养育多个孩子而日夜辛苦的家庭主妇中，也有活得十分漂亮的自立之人。相反，在那些拥有工作的人之中，也有不自立的人。要说什么是决定精神上和人格上是否自立的核心因素，用浅显易懂的话说便是，不把自己的幸与不幸交给别人，不把自己的一生托付他人。或许也可以说，不以"谁让我是女人"的心态生活，便能成为在精神上和人格上自立的人。确实，人的幸与不幸，会受到他人的影响。比如突然而至的家庭不幸、父亲的突然离去，或者因中了恶人的圈套而人生变得糟糕透顶，等等。这些事情，迄今为止我不仅多少经历了一些，也看到了很多。因此，我不想说人的幸与不幸全部由自己制造这种太过理想的话。我也曾生病、受伤、因与某人有关联而倒大霉，但是我现在活得好好的。我觉得，让我的生活进行到今天这一步的，不是别人，而是自己。像我这样的弱者都可以做到这一点，你也一定能做到。

相信各种可能性

作为人格的生活方式、待人方式，和相信各种可能性的生活姿态有很深的联系。相信各种可能性，首先是对每个人都具有的成长倾向的信赖。卡尔·罗杰斯（Carl Ranson Rogers）是一位创造出"非指导式治疗[1]"这种新式心理治疗法的著名心理学家。关于"对成长倾向的信赖"，他曾说：

> 在一个人的内部，即使眼睛看不见，也有朝着他的成熟不断前进的力量和倾向性。如果提供恰当的心理土壤，人就会将潜在的可能性变为现实。

这两句话虽然说得很简短，但对我而言，却是支撑我在我们大学工作二十多年的两句话。那么，他说的"恰当的心理土壤"是指什么呢？卡尔·罗杰斯认为是"宽容"。

在刚才引用的那段话中，提到了"他的成熟"这

---

[1] 又被称为当事人中心疗法。

几个字。这里的"他的"很是关键。换言之,不是一致的成熟,而是A朝着A的成熟,B朝着B的成熟。以我们经常举的杯子为例,无论是小杯子还是大杯子,都能装满一杯;而且,虽然容积不同,但小杯子和大杯子都最多只能装满一杯,装满一杯是它们的极限。"小花就开小朵花"和大小杯子装水是同样的道理。杯子的大小不是问题,只要杯子装满,便实现了自我。在这之前我讲过关于才干的寓言故事,正如之前我所说的那样,我们必须充分使用自己所具备的才干;只要能将它充分使用,就可以了。因此,我不能抓住某个学生问她"为什么你学得不如你的同学某某",但我可以说:"为什么你没有尽最大努力学习?你是具备尽最大努力学习的力量和倾向性的。"

为了使这种力量和倾向性由可能性(potentiality)变为现实(reality),我们必须提供宽容的土壤。所谓"宽容",即"接纳"。它绝不是指肯定。它既不是肯定也不是否定,而是如实接纳真实的对方。

  我在美国学心理咨询的时候，老师曾让我们观看罗杰斯的咨询现场视频。我们看不到咨询者的脸，但能听到他们的声音。在这个视频中，罗杰斯聆听了各种有烦恼的人的声音。比如，有个人说："我真的非常恨我的母亲，我想杀了她。"听到这话后，罗杰斯依然面不改色地往下听。他细细聆听咨询者的想法，对他说的话既不肯定也不否定，只是边说"这样啊"边听着。"能不能说说看？"在这句话的鼓励下，这位咨询者开始述说自己为什么恨母亲，什么时候觉得母亲可恨。也就是在这个倾诉的过程中，咨询者清楚地看到了自己的心。在倾听的过程中，罗杰斯不说"你不可持有如此狂妄的念头"等否定对方的话。他接受了"在自己面前坐着的是一个恨不得杀死自己母亲的人"这个事实。他觉得，咨询者本人也正在想办法从这种状况中摆脱出来，虽然现在就该让他从中摆脱出来，但应该还有更好的方法。罗杰斯深信咨询者具备思考其他方法的力量和倾向性。这是一个如实接纳真实的对方的例子。

再比如,当有个咨询者说"因为即使我活着,我也拿自己没办法,所以我想自杀。在自杀前,我来见见你"时,罗杰斯回答道:"啊,这样啊!你有那么讨厌自己吗?"接着,罗杰斯对咨询者说:"你觉得你自己很悲惨吗?你觉得自己什么地方悲惨,能不能说一说?"于是,咨询者便开始了讲述。中途也有长时间沉默的时候,但罗杰斯并不打断。罗杰斯相信,在他沉默的期间,一定会有什么想法从他心底涌现,并且也就是在这个时候,促使他"朝着眼睛看不见的成熟前进"的力量和倾向性,正在发挥作用,所以他只是静静地等着。

我是在距今二十多年前的某一天看的这个视频,但今天想起来依然历历在目,仿佛是昨天看的。我在说这些话的时候,仿佛那些情景已深深印在了我的视网膜上。告诉想自杀的人"不可结束上天赐予的生命,自杀是有罪的",这很容易。这是一种指导式心理咨询法。但只有相信"即使我不说对方也知道哪些事不可做",怀有这种深深的信赖,才能引导出藏于对方身体中的力量和倾向性。

在我们大学,我也曾多次目睹学生们依靠她们所具备的力量和倾向性,以奇迹般的速度迈向成熟。所谓对这种成长倾向的信赖,即以一颗宽容之心接纳对方的原本姿态。或许有人会说:"要是这样,就没有进步。"只要接纳,本人就会主动要求进步。这种信赖是拥有理性和自由意志的人所需要的,是在日常生活中,通过表扬对方或对对方有所期待便能引导出来的。在如实接纳对方后,如果对他说"你有这方面的优点",或者说"你在这个地方做得非常棒",他就会不断进步。

当有人经常和你提起你的某个优点,你就会一直保持这个优点。比如,有人和你说"你是一个做事认真的人",即使你想不认真,你还是会把事情认真地做完。我至今依然记得有人和我说过："你总是把鞋擦得很干净。"于是，在那之后，我便觉得出门前必须把鞋擦干净。就这样，别人无意之中说的话，一直支撑着我前行。两个人在某些方面互相支持，是一件非常重要的事。因此，我们在接纳彼此的同时，还应互相支持、互相表扬。不过，不可以表扬对方并不存在的优点。因为这样的表扬只会成为对方的思想包袱。此外，也不可胡乱对对方抱有期待，要注意分寸。我们可以说"你是一个好人""你是一个值得信赖的人""你是一个有责任感的人"等肯定的话。这些肯定的话，可以促使他成长为有责任感的人。

不要受束缚于过去、偏见和成见

我们要相信，无论是声名狼藉的人还是被贴了流氓标签的人，在他们的内心深处，都有想摆脱坏形象的愿望——能否相信这一点，很重要。换句话说，他们都有重获新生、以新面孔示人的愿望。

每个人的心中都有一个连自己都不知道的"未曾示人的我"。我也是如此。原先我觉得自己不适合当管理者，要是能让我当老师，我就是一个幸福的人。但出乎意料的是，我被任命为校长。于是，便有了现在的我。我也不知道自己会变成这样。换言之，昨天的我看不到今天的我，今天的我也不知道明天自己会变成什么样。每个人都怀有各种各样的梦想，都会规划自己的人生。但是，你无法知道明天的你会变成什么样。而这也意味着，你拥有各种可能性。既有变好的可能性，也有变坏的可能性。既有变幸福的可能性，也有陷入不幸深渊的可能性。因此，我们必须拼命活好今天，活好现在这个瞬间。

我们都会有想做一个全新的自己的时候。比如我，既有因被人刁难或说坏话而觉得非常孤单的日子，也有厌烦自己的日子。这种时候，我会早早睡下，第二天早上，睁开眼睛迎接新的一天。此外，我也有觉得以往的自己"表现不错"，而今天的自己"表现不好"

的时候。最近便是如此。因此，疾病就来找麻烦了。当我想着自己不能再这么忙下去，却又无法从中挣脱出来时，感冒和发烧让我有了些许空闲。

如果一个人想重获新生，做一个全新的自己，别人是否给予这个机会，至关重要。因此，当别人说"那个人哪，有那种前科，要小心"时，请不要盲目相信。此外，"他呀，来自破碎的家庭，看事情的角度很古怪""他是因为父亲早逝才变成这样的""他没有学历""因为是美国人，所以……""因为是日本人，所以……"，等等，当有人和你说这些时，也不要被这些话所左右。确实，文化或环境对一个人的影响很大。我也绝不会说请忽视文化或环境的作用之类的话。但是，我们误解他们的可能性也很大。我不是说要无视对方的过去以及旁观者的偏见、成见，而是希望在充分了解对方的情况后，依然相信他有变好的可能性。换言之，虽然我们通过背景调查了解到他是个声名狼藉的流氓，或上学期曾被通报批评，或他的家庭摇摇欲坠等负面信息,但我们依然要相信处于这种状况中的孩子具有彻底颠覆我们的预想,成为全新之人的可能性。

知道自己为什么而活,就可以忍受任何一种生活

维克多·弗兰克尔曾说:"把人救活的,是追求意义的意志。"虽然有"人没有钱就无法存活""人为快乐而生"或"人为权利而生"等各种各样的说法,但维克多·弗兰克尔认为"人是追求意义的存在"。弗兰克尔将他发明的疗法称为"logotherapy"。"logo"表示"意义","therapy"指"疗法"。世上有各种各样的疗法,如使用玩具的疗法、使用沙盘的疗法等,而弗兰克尔采用的是一种以赋予人生命的意义的方式使其恢复原本姿态的疗法。在《心灵的疗愈》这本书中,他引用了尼采的话:

　　一个人知道自己为什么而活,就可以忍受任何一种生活。

多年前，我曾在某个地方乘坐出租车，开车的是女司机——女司机在当时是罕见的。她问了我一句话，我现在依然记忆犹新。可能是看我一身修女装扮吧，车刚启动不久，她就问我："女士，您说人到底是为什么而活着的？"我不知道她在载客、收钱后，回家过的是一种什么样的生活。在她从早到晚开车的过程中，或许她既要听一些难听的话，也要处理复杂的人际关系。或许她也想过放弃这份工作，但不干这份工作又没有别的维持生计的方法。我觉得，当她拥有养育幼子这种明确的目的时，在她为生活忙碌的时候，或许就不会问这样的问题。换言之，当她知道为什么而活，拥有必须当司机的理由时，她可以忍受任何一种生活。在物质丰富、金钱充裕的今天，生存意义的问题作为一大"文明病"出现，自有它的产生背景。

现在，因闲得无聊而不知为什么而活着的人变得越来越多。在丈夫退休后提出离婚申请的妻子也正在逐渐增加。在养育孩子期间，她们都努力成为好母亲。

但是，当孩子成人、丈夫退休后，她们就没必要像之前那位毕业生那样，不得不从早到晚与跟自己频率不同的丈夫在一起。我为什么必须过这样的生活？在这之前不是问题的问题，从她们的心中涌现。于是，越来越多的女性在分得一半退休金后和丈夫说拜拜。[1] 在拥有活着的理由时，比如家中有喝奶的孩子，或是有必须喂饭的孩子时，即使讨厌丈夫，也会为他准备衣服，目送他出门上班。在这期间，她们可以忍受任何一种生活。但是，当活着的理由从有变无后，她们就不知道为什么而活了。而且，她们也无法忍受当前这种生活了。

维克多·弗兰克尔之所以将尼采的这句话收录在《心灵的疗愈》中，是因为他想说：在强制收容所中，当他们拥有"等战争结束后便可以和妻子团聚、经营家庭生活"这个盼头时，即他们拥有必须活下去的理由时，他们便能忍受重体力劳动、不知何时会被送到

1　在日本，全职主妇离婚可分得丈夫一半退休金。

毒气室的恐惧、每天只有一个纺锤面包和一碗如水般无味的稀汤的生活。

如果知道"why to live",即使再痛苦,也会活下去。如果还有活着的意义,我们便可以忍受一切。

《不在的房间》(曾野绫子著)一书中,有一节的内容是:修女多枝子因最近修道生活变得很自由而开始为很多问题烦恼,与此同时,这位修女的弟媳李枝子,产下一个身体有残疾的婴儿。某一天,弟媳前来和修女见面的时候,修女开始向弟媳诉苦,说修道生活多么艰苦,最近因什么事而烦恼,等等。

"真可怜哪!"李枝子边小声叹气边说道,"请不要把烦恼看成是坏事。我发现姐姐你好像没有生活目标。我说这话,绝不是想挖苦你的意思。这真的不是姐姐你的责任。"

这时,眼泪不断地从李枝子的脸上流下。

"我呀,有时想,可能是因为我比你更脆弱吧,所以上帝将一个非常单纯的目标赐予了我。我年轻的时候，患有轻微的失眠症。我时常会想想母亲的立场，怨怨父亲，有时又会对住在千本樱的母亲心怀歉意。就这样，精神变得很不正常。但是，自从健儿出生后，失眠症就神奇地不治而愈了。因为光是照顾健儿一天的饮食起居，我就已忙得不可开交，所以完全没有闲工夫思考其他问题，或猜疑什么。每天我都得洗尿布、喂饭，和孩子爸爸一起将体重不轻的他抬入澡盆中，所以一到了晚上——说出来有些难为情——我躺下不到一分钟就能像男人一样打着呼噜睡着。有人说我的生活很凄惨，但听完姐姐你的话后，我不再迷茫，我觉得我很幸福。姐姐，你各个方面都好，反倒觉得生活艰苦了。"

以上便是李枝子在书中说的话。生了一个身体有残疾的孩子，为了照顾这个孩子，从早到晚洗尿布、喂饭，在忙碌中度过一天。到了晚上，不一会儿便打着呼噜睡着了，失眠症也神奇地痊愈了。可以说，这段内容记录的是知道"why to live"的人坚强的一面。

这虽然只是一个节选自小说的例子，但我想，通过这个例子，或许我们就能像李枝子一样通过找到生活的意义，即让自己持有生活的目标，开拓出一条人生的光明大道。

赋予生活以意义

接着，我们试着想想"当我们找不到生活的意义时，该怎么办"这个问题。家有残疾儿的人，当没有自己的照顾孩子就无法存活时，虽然很辛苦，但他们通常能找到生活的意义。如果我们每天做的都是单调的工作，就可能无法找到生活的意义。当我们从事的不是被人感谢的工作，并总是抱怨自己从早忙到晚是为了什么时，主动赋予生活以意义，便显得十分重要。因为赋予生活以意义，即让自己觉得没有价值的东西具有价值、靠自身创造出价值的过程，所以它比寻找意义更富有创造性。

我进修道院是在我29岁的时候，在那之前，我一直是职业女性。用更新潮的话说，我在那之前是"career woman"。因为我到了29岁还没有结婚，母亲十分替我着急。但是，我每天都做着非常有趣的工作，所以我非但没有着急，还过得十分充实。当时，修道院不接收30岁以上的人。或许是因为他们觉得超过30岁的人没有可塑性吧，所以也为进修道院者定了一个适龄期。我以29岁的"高龄"进修道院不久，就被派往了美国。到美国后，我和一百多名修女生活在一起。我自以为是一个听得懂英语的人，可当大家齐聚在食堂聊得起劲的时候，我有时听不懂她们在说什么。有时，我会因此而心情低落。

那时生活非常单调。比如，当一百多个人吃完饭后，我们洗盘子，洗好后擦盘子，擦好后，先将盘子摆上饭桌，再在盘子的旁边逐一摆上洗好的刀叉、汤匙。我们既有轮到洗盘子的时候，也有轮到擦盘子、摆盘子的时候，大概一个月轮换一次。因为我之前一直在日本做十分有趣、有价值的工作，所以让我做无需动脑，只需洗盘子、擦盘子、摆盘子的工作，是一件痛苦的事。当我自己也觉得做这样的工作无聊时，有个人和我说："修女，当你将盘子一个一个摆在桌上时，请边为即将使用这个盘子吃饭的人祈祷幸福，边摆放。"在这之前，我一直都是先机械式地将盘子摆放在长桌上，再机械式地将刀叉、汤匙摆在盘子旁。我有时甚至会想："这是多么无聊的工作，要是用这个时间读书该有多好！"我记得，当时我在听到她说的这句话时，十分吃惊。因为在那之前，我并不知道还有这种工作方法。

现在，我有时也需要做非常单调的工作。修道院使用的餐巾纸，要是买折好的现成品，价格就很高，所以我一般都是买没折好的餐巾纸，在晚饭吃过后将每一张折好。在折餐巾纸时，我会边想东西边折。因此，如果折20分钟，那么在这20分钟里，我会因我的心中所想而有些改变。我说过，世上并没有真正的琐事，当我们草率地对待某件事情时，它才会变成琐事。社会上既有打扫洗手间的工作，也有擦桌子的工作；既有切萝卜的工作，也有整理抽屉的工作。但是，没有一件是真正的琐事。琐事只在我们草率地对待某件事情时产生。

在我的学生之中，一定有人去旭川庄[1]叠过尿布吧！有一次，我听负责人说："学生能来这里帮忙，我们很感激，但有些学生来旭川庄不是为了叠尿布，而是为了和智障孩子或其他残疾孩子玩耍。尽管这样，我们也没有让他们和孩子们有任何接触，而是让他们从早到晚叠几万块尿布。这时，他们就会说'我们不是为叠尿布而来的'。从旭川庄的立场出发，我们认为经常让不同的志愿者与孩子接触，未必是好事；另一方面，如果没有人帮我们叠这多达几万块的尿布，我们就会陷入窘迫。"先是两个人一起拽堆积如山的尿布，然后再一块块叠好，确实是一件无聊的事。但如果我们以"希望用这块尿布的孩子能尽快康复""希望老人

---

[1] 日本著名的大型综合性社会福利机构。

在生活中多些喜悦"的心情叠尿布，我们便能让叠尿布变成传播大爱的善行。我们从中收获的喜悦，完全有别于在与孩子玩耍中获得的以自我满足为前提的利己式喜悦。

只要我们想着每天都赋予生活以意义，没有意义的事情，就会变得有意义。并且，真正算不了什么的事，也可能对某人有益处。当我们生活在只要献上喜悦、爱等眼睛看不见的东西就能给谁带来好处的世界里时，我们的心灵就会变得十分充盈。反之，当我们生活在只有眼睛看得见的东西的世界里时，我们或许能拥有充裕的物质生活，但人生从此就完了。

如果有爱，无论多小的事都能变成非常好的事。

特蕾莎修女常常把倒在路边的人带回家，为他们治疗。有人问她："你正在做的事，如同一滴水，十分渺小。为什么不发动更强大的社会力量，让大家一起努力使印度变得更好呢？"特蕾莎修女回答道："大海也是由一滴滴水组成的呀。"在《小王子》一书中，小王子眼中的地球人，是在同一个花园中种着多达五千株玫瑰却不知道真正想要什么的内心空虚之人。他们虽然拥有很多东西，内心却不满足。在说完"你这里的人在同一花园中种着五千株玫瑰，他们却不能从中找到自己所要寻找的东西"这句话后，小王子接着说："然而，他们所寻找的东西却是可以从一朵玫瑰花或一点儿水中找到的。"

在同一个花园中种着五千株玫瑰。这幅场景所象征的是我们现在的生活。我们的世界充斥着数也数不清的东西。无论是在冈山市内的一号街行走，还是在表町行走，都能看到非常之多的衣服和杂货。在大家的衣柜里，也挂着很多衣服吧。大家的房间里，也有很多非生活必需品吧。无论是玩偶还是珠宝，大家是否有了它就心满意足了？如果你有十个玩偶，是之前的两倍，你的满足感也是之前的两倍吗？正如小王子所言，实际上，我们内心所追求的，只是一个玩偶。拥有一个真正喜爱的玩偶的人，比不断买新玩偶的人更幸福。我觉得小王子想说的其实是，只拥有一株玫瑰但精心将它培育成"我的玫瑰"的人，比雇用园艺师照管五千株玫瑰却依然觉得不满足的人，更加富有。我们怀着善意，边说"请"边递给口渴之人喝的一杯白开水，虽然极其便宜，却比高级的干邑白兰地更能让人觉得满足。同样，我们边说"请"边递给口渴之人的一杯白开水，也比中元、岁末等节日送来的高级威士忌更能让人觉得满足。我觉得，如果想让自己的心灵变得丰富，我们就必须知道眼睛看不见的东西、廉价的东西、微小的东西的重要性。

我每天都过着十分忙碌的生活。在我需要做的众多工作中，也有涉及很多钱的工作。比如盖一座新楼，就需要花费数亿日元。再比如，我在很重要的文件上盖章后，我们大学就可能发生很大的变化。但是，一旦回到修道院，我就会洗衣、扫地、擦鞋、做饭。某天早上，我洗完自己的睡袍后想要把它晾起来。因为是前开式睡袍，所以必须扣上十几个纽扣。这时，我想起了前一天在大学的小教堂有一个人和我说的话。当时，他指着一个二十来岁的女孩，向我介绍说："修女，这个女孩呀，曾三次试图自杀。今天，我把她带到这里做弥撒。"想到这，我就想为这个可能还想第四次自杀的女孩扣上纽扣。或许大家会觉得很可笑。但是，如果我是边扣纽扣，边祈祷这个女孩打消再次自杀的念头，祈祷她今后能快活地生活下去，扣纽扣这件事或许就比我在校长室做的涉及数亿日元的工作更重要。

这个社会不也需要这样的价值观吗？大家在今后的生活中，在做什么的时候，也请像我一样，想想"我要为谁做这件事"吧！在我们为了做醋拌萝卜而切萝卜、为了做卤拌黄瓜而切黄瓜时，虽然比较麻烦，但我们可以每在切菜板上切一刀便祈祷一次。我觉得，想着为谁做什么，是被称为"人格"的人的生活方式和待人方式的体现。这是我们人类的特权，是别的动物无法做到的。

今天我们都能健康地活着，或许是因为在某个地方有一个我们连姓名都不知道的人在为我们祈祷。因此，从这个意义上说，认为自己是在孤军奋战，是大错特错的想法。

第三讲 人格与人格性

(一) 什么是人格性

美国心理学家奥尔波特（Gordon Allport）对人格性的定义是：

> 所谓人格性，即存在于个人内部，决定个人独特行为与思想的心身系统的动力组织。

以我为例，我的人格性是在渡边和子的内部，在决定我独特的行动和思考的精神和身体的互相影响中随时发生变化的"dynamic organization（动力组织）"。每个人都拥有独一无二的人格性。虽然有程度上的差别，但我们或多或少都拥有与别人极其不同的行动方式和思考方式。而被我们称为"人格性"的这个东西，即决定我们独特的行动和思考、位于身体内部的动力组织。如果要用更简短、更浅显易懂的词来说，我们可以说"人格性"即指"为人"，或者说"处世之道"。

（二）人格与人格性的关系

正如日语中"人格"是"人格性"这个词的基础，英语中"person"是"personality"这个词的基础一样，我们可以说，所谓"人格性"，即"从人格这个种子开出的花"。

之前我在说人格的时候提到，所谓"人格"，即可以以自己的方式思考、选择的责任主体。比如我，迄今为止我就一直以我的方式进行思考，做各种各样的选择。不过，人格并不等同于人格者。总之，从拥有判断力和决断力的主体（人格）中开出来的花，即"人格性"。

（三）人格性的形成要素

某人能成为某人，首先和遗传有关系。孩子不仅可能长得像他的父亲、母亲，血液也一定是继承自他的父母。此外，智商在很大程度上也跟遗传有关——不知我们是应为此感到遗憾，还是应为此感到高兴。多血质（特点是易冷易热）、抑郁质（特点是遇事悲观）等被称为气质的东西，也来自遗传。我们常常说谁的运动神经很发达，其实神经系统也来自遗传，是天生就有的东西。音乐家的孩子也能成为音乐家，虽然和从小的耳濡目染有关系，但遗传是不容争辩的重要因素。

第二个形成要素，当然就是环境了。就像刚才说的那样，父母是音乐家的人从小便接受音乐的熏陶，所以音乐素养自然很高。此外我们还可以举出很多例子，如在运动员家庭成长的人运动能力强，在歌舞伎演员家庭成长的人表演能力强等。可以说，人格性是从小到大的环境和遗传相互影响的结果。此外，家庭构成、亲子关系对人格性也有影响。比如：是成长于四分五裂的家庭中，还是成长于家庭氛围温馨、父母和睦的家庭；是成长于有爷爷奶奶的家庭，还是成长于没有爷爷奶奶的家庭；是家中的独子，还是上下有兄弟姐妹；是家中的长女，还是家中的小女儿；等等。这些对人格性的形成都有影响。还有县民性[1]对人格性的形成也有影响。此外，在山阳地方长大的人和在山阴地方长大的人，在温暖的南方长大的人和在寒冷的北方长大的人，以及在岛国长大的人和在大陆长大的人，其人格性都有些不同。虽然每个人都是不可替代的独特存在，但多少都会受到县民性、居住地带的影响。另外，是成长于大城市，还是成长于偏远地区，对人格性的形成也有影响。

1　指日本各县县民在想法、气质、行为等方面的倾向。

人格性的第三个形成要素是"自己"。让智商80的人和智商150的人做相同的事，是难以办到的。毫无疑问，这方面的限制是存在的，但这不一定是遗传的产物，也不一定是环境的产物。虽然斯特恩[1]（William Stern）所提倡的遗传和环境的辐辏说[2]已被列在心理学中，但人格性的形成除了遗传和环境之外，还有第三种因素。这第三种因素便是"自己"。不论遗传如何、环境如何，依然做独特的自己，这才是人格论的中心。

---

1 德国心理学家、人格主义哲学家、智商概念的提出者。
2 一种主张遗传因素和环境因素相互作用于人的学说。

第四讲

关于理解人类

（一）认识自己

如果让我们每个人做自我介绍，我们应该说些什么呢？我觉得应该说自己的姓名、年龄、学历、职业经历、目前的所思所想以及性格特点等。我们可以说"我"是一个保守的人，是一个自我表现欲望很强的人，或者说"我"是一个很有责任感的人，是一个很马虎的人，或者说"我"是一个不知疲倦、非常脆弱的人。虽然可以说很多信息，但我们说的只是其中一部分，有的还可能只是我们自己的想法。而且我们也可以撒谎。不管怎么样，我们需要知道的是，自己到底是谁，自己怎么看自己。这是我们在"认识自己"的过程中需要面对的一大问题。

据说在希腊德尔斐神庙的廊柱上，刻着"人啊，认识你自己"这句话。这说明，人在几千年前就将"认识自己"作为智慧的开始、智慧的顶点。我们每天的经历，对于自我认识而言，都是十分珍贵的财富。因为我们在一生之中所经历的一切，都会作为经验被聚集在心中的某个地方。而这些被聚集起来的经验，总有一天可以帮我们更好地认识自己，成为真正的自己。

其实仔细一想，我们每个人都是行走在路上的旅人，在走完昨天的路后，我们正在走今天的路。今天结束后，我们还要踏上明天的旅程。在旅行的过程中，我们会遇到各种各样的人，积累各种各样的经验。我觉得人生是一次为更好地认识自己而展开的旅行——或许我们明天就能见到"未见过面的我"，也是一次边问自己该如何活边走下去的旅行。

我们在生活中，从根本上说，都有很强的认识自己的欲望。而且，正如德尔斐的神庙廊柱上所写的那样，我们也必须认识自己。我觉得最近血液测试、电脑占卜、星座占卜、手相算命之所以这么火，正是因为大家都持有这种认识自己的强烈欲望，都想知道自己以后会变成什么样。

我们必须认识到，在我们的身体之中还有一个我们不想认识的自己。自己被否定的形象，我们尤其不想认识。比如，我们在看集体照的时候，最先看的肯定是自己吧！我们想知道自己被照成了什么样。如果觉得照得一般，我们会把它放在一边，而如果觉得自己照得比想象中的好，我们便会觉得这是一张好照片，有机会甚至会把它放大，用它当相亲照片。但是，如果我们觉得脸型、体型照得比自己想象的还要差，我们便会觉得这家照相馆不好，并再也不想看这张照片。这样的照片，谁都有几张。我也有不想再看第二次的照片。照得不好，可能是因为光线不好，或者是因为自己的姿势不对。无论是什么原因，我们都会因照出来的姿势与自己想看的姿势不同而厌弃这张照片。持有这种想法的根本原因，是我们的心中都有一张"自己应该是什么样"的自画像，或被称为"自我概念"的东西。这用英语说便是"self-image"或"self-concept"。

（二）自我概念

定　义

所谓"自我概念"，即"自己对自己的现状的把握"。用更常见的话说，便是"自己对自己的印象"。或许也可以说是自己对自己是什么样的人的一种认知，是"我是这样的人"的断言。与此同时，还有一种自我印象是我们想展示给他人看的。就像在众多照片中既有想给别人看的也有不想给别人看的一样，我们也有不介意别人看的自我印象。而且这种自我印象，我们往往也想展示给别人看。

两个自己

我们有时会说"忘我"。这是一句有趣的话,在这句话里有"忘记的自己"和"被忘记、成为遗失物的自己"。就好比我们是手表、伞等遗失物,而忘记的对象是你自己。但是,被遗失的东西一定还在某处。也就是说,我们有两个自己,一个是"忘记的自己",一个是"被忘记的自己"。平常我们都说"忘我地哭泣""忘我地逃跑""忘我地抱住"等,想表达的就是自己已完全沉醉于某件事。反过来说,如果没有完全沉醉其中,我们就不会变成哭泣的自己、逃跑的自己、上前抱住的自己。原本是不会因一点小事而受惊的自己,当忘我的时候,就会变成拔腿就跑的自己。也就是这个时候,我们会发现自己身上存在两个自己。

我们一般称"忘记的自己"为"真实的自己",称"被忘记的自己"为"自我概念"。比如,这里突然着火了,平常举止文雅的人,以难看的姿态向外奔跑。这时,她所呈现出来的就是"真实的自己"。如果两个自己之间存在很大的差距，我们就会变得不自由。因为这就意味着，我们要以一副故作矜持的表情和不像自己的姿态与人说话、打交道。

假设有一个脸上带痣的人，带痣的他便是真实的他自己。如果他将痣隐藏起来，一直以没有痣的形象示人，那么他就无法以素颜示人。如果有谁按门铃，他就必须边说"请稍等"边快速将痣遮盖起来。痣越大，颜色越深，遮盖时就越辛苦。同样，在我们的人格性中，无法直接示人的部分越大，在我们不想将其示人时，我们所需做的工作就越多。我们在约会的时候，约会的对象是只有你将自己的弱点隐藏起来才能和你约会的人呢，还是清楚地知道你的弱点并爱着你的人呢？如果是后者，那么你不用怎么化妆就可以和他见面。而当我们想要得到不喜欢某方面弱点的人的爱时，有这方面弱点的我们就必须为难自己。

可以说，隐藏自己的人格性，与无法以素颜和人见面，是一回事。如果必须一直保持一副故作矜持的表情，这个人是不自由的。而且，当我们忙着"化妆"的时候，往往会成为无暇顾及别人、没有闲心的人。因此，我们或许可以说，为别人着想的人、在别人为难时伸出援手的人、站在对方的立场考虑事情的人，都是不怎么把时间花在"化妆"上的人。不过，当自己有很多问题时，人总是会把自己放在首位。因此，想要帮助别人，最重要的是先让自己拥有闲心。就像如果自己溺水了就无法帮助同样溺水的人一样，我们只有先做好自己的精神卫生工作，才能帮别人。

再举一个例子。假设有一个患有癌症的人，医生对他说"你患有癌症"，他却说："不，我没有患癌症，你的诊断是错误的。"说这种话的人，也是一个不想认识自己的人。癌细胞出现在自己的身体中，并正在不断扩散。但是，"我"不仅不想承认这一点，还深信自己的身体是健康的，一直对所有人说"我是健康的"。而这样的结果就是，当身体疲倦的时候，也不可以露出疲倦的神色。因为"我"要展示我的身体是健康的，所以不能以一张疲惫的脸示人。而且，必须边激励自己边活下去，即使被别人说最近脸色不好，也认为没有这回事；必须坚守自己，认为自己是对的，别人是错的。这个时候，不自由感便产生了。只有在被告知可能有癌细胞时同意做检查，并在确诊后无论多痛都要通过做手术将病灶切除，自我概念——自己对自己的现状的把握，才能和真实的自己达成一致。

自我保护的本能

我们都拥有很强的自我保护的本能。

有这么一个笑话：有一个决定马上自杀的人在路上行走，而当对面飞奔过来一辆摩托车时，他避开了摩托车。虽然被飞奔而来的摩托车撞死也是死，但他还是避开了。自我保护的本能就是这么强大。如果有什么危险的东西飞过来，我们就会躲开。我们不仅不想让身体受到伤害，还不想让"自我"本身受到伤害。如果责难之箭飞过来，我们就会逃跑。或者说，我们就想逃跑，想尽量避开。

我经常有这样的想法。比如，当我想到去谁那儿就一定会被严厉批评时，我就会害怕，每次去都很不开心。相反，如果是既能接纳我又能重视我的存在价值的团体邀请我去演讲，我就会以轻松的心情赴约。如果当场突然向我射来责难之箭，我就会想尽早改变话题，有时也会想办法说一些为自己辩护的话，比如"不，我并非想那么做""不是我说的，只是我偶尔借用他说的话而已"等。在这种时候，我有时会说"真是这样啊，之前我没有想到。下次我一定注意，这次请原谅我"，有时则说不出口。说不说要看对方的态度以及自己的健康状态。不过，无论说还是不说，我们都有想永远被人喜欢、被人接纳、被人爱的自我保护的本能。

据说人有两大本能：一个是想让自己的子孙世代繁荣的生殖本能，另一个是想保卫自己的自我保护的本能。自我保护的本能对自我概念的形成有非常大的影响，它会让我们想办法保护好"自己"。为了保护一掐就会痛的自己不被人掐，我们往往会四处乱跑。可以说，逃跑是保护自己的其中一种方法。还有一种方法，是以告诉别人自己即使被掐也不会痛不会痒的方式保护自己。采用这种方法保护自己的人，在失败时往往会为自己辩解。这样一来，真实的自己和自我概念之间的差距就会变得很大。差距越大，我们为掩盖这个差距所需消耗的能量就越多。

接纳自己

从精神层面来说，比较理想的状态是尽量让自己拥有接近现实的自我概念。患有癌症的人应持有"患有癌症的我"这个自我概念；有痣的人应勇敢地持有"有痣的我"这个自我概念。除了坏事外，在对待好事上，我们也应持有接近现实的自我概念。比如，歌声很美的人，应持有自己比一般人声音好听这个自我概念——我觉得这很关键。由于我们不能总是以不像自己的"好"姿态示人,有时也会做出不像自己的"坏"姿态,所以能否让自己的姿态回归现实,很是重要。或许可以说,"自卑感"这个词是我们没有接近现实的自我概念的一大表现。在我们之中,有很多给予自己过低评价的人——或者说是过分贬低自己的人。比如,我长得难看,我家没有钱,我的家是这样的,等等,很多人都在没必要贬低自己的事情上贬低自己。

我曾讲过"泥芜菁"的故事。泥芜菁总是过分在意自己的脸,觉得自己很丑。当在旅途中碰巧遇到泥芜菁的老法师告诉她"不以自己的丑为耻,你就一定能变漂亮"后,她意识到,虽然自己和名叫梢的女孩比显得丑,但自己做好自己就可以了。当这么想的时候,泥芜菁不仅自由了,也变得漂亮了。无论是过分贬低自己,还是过分抬高自己,你都会变得不自由。想要自由地生活,认识现实中的真实自我,并爱上这样的自己,是非常重要的一步。泥芜菁之前是因觉得自己被人讨厌而厌恶自己,当她意识到"我是我"并开始爱自己的时候,她便成了一个可爱之人。就像泥芜菁一样,当我们开始爱自己的时候,我们便能成为值得被爱的人。

雷茵霍尔德·尼布尔(Reinhold Niebuhr)曾写下以下这段祷告词:

> 上帝,请赐予我平静,
>
> 去接受我所不能改变的;
>
> 请赐予我勇气,
>
> 去改变我所能改变的;
>
> 并请赐予我智慧,
>
> 去辨别什么可以改变,什么不能。

对于我们而言,拥有一双清醒且清澈的眼睛和一颗温暖的心,是非常重要的事。我认为,在大学听课,从某种意义上说,是逐渐让自己拥有清澈的眼睛的过程,是一种让自己学会客观地看事物的训练。但是,如果仅仅会客观地看事物,你很可能成为一个冷漠的人。因此,还应让自己持有一颗温暖的心。当出现问题的时候,先静下心来思考怎么做可以解决这个问题,思考"当下应先做什么"。如果没有最好的办法,就思考有没有仅次于最好办法的办法。如果没有仅次于最好办法的办法,就思考接下来最好怎么做。

人生在世,既有改变不了的,也有可以改变的。面对改变不了的,能否以一颗平静的心接纳它,十分重要。改变可以改变的,也十分重要。而且,我们还应具备辨别"什么可以改变,什么不能"的智慧。在今后漫长的人生中,如果大家能想起平静(serenity)、勇气(courage)、智慧(wisdom)这三个词,并懂得区别什么可以改变,什么改变不了,我们的人生就不会一团糟。即使我们处于无论如何也改变不了的状况中也不要着急,时间会帮我们解决一些问题。而如果是可以改变的,就应去改变,不可磨蹭,因为磨蹭就是浪费时间。但是，一定不要忙中出错，在改变之前一定要让自己具备冷静地思考哪些可以改变，哪些不能改变的智慧。

拥有现实的自我概念的必要性

我们有必要拥有接近现实的自我概念的理由之一是：这样我们可以变得自由。正如我前面所说，当我们拥有不现实的自我概念时，我们必然会为此十分苦恼。另一个理由是：人采取某种行动都是以自我概念为基础，想要改变自己的行为，必须从自我概念开始改起。换言之，如果一个人认为自己无能，就会像无能之人一样行动。如果一个人在心底拥有很深的自卑感，即使你和他说"走路时要挺胸抬头，不要一副战战兢兢的样子，这样很难看"，他也改正不了。只要他没有意识到自己持有自卑感不对，自己并不是那么无能的人，他就不可能在走路时挺胸抬头。因为人的行为都是以自我概念为基础的。也就是说，仅仅责备他的行为并不可行，必须让他从改变自我概念做起。如今，不良少男少女的问题层出不穷。虽然教育现场已被强化管理，且教育者在教育孩子的时候，对服装、头发的长度、行为都有严格的要求，但我觉得，让孩子们拥有自己可以不走歪道的自信，意识到自己的价值，才是既能治标又能治本的做法。

在日常生活中，我们都有自我概念和现实不一致的时候，因此，我们必须不断地纠正不一致的地方。要说这样的自我概念是怎么形成的，从大的方面说，我觉得这是人和环境相处的结果。

自我概念的形成

据说，我们与环境的相处，特别是我们在幼儿期得到的父母、老师等大人的评价——我们都能回忆起来——对自我概念的形成有十分深刻的影响。我想也是因为这样，所以从小被评价为"讨厌的孩子"、在被否定存在价值的声音中成长起来的人，都拥有"活不活都一样，可能还是不活为好"的自我概念。相比之下，从小被重视的人，则对自身价值都持有自信。从小被赞不绝口、给予过高评价的人，比如一考上一流名校就被评价为"神童""天才"的人，当在某个地方遭遇挫折的时候，很可能会受到沉重的打击。相反，一直被说"无能"的人，很可能会成为无能的人。但是，在这之后的自身体验，也非常重要。因为他人的评价未必正确。假设就像刚才说的那样，一直被称赞为"天才""神童"，被认为肯定能一次通过任何考试的人，在某个地方狠狠地摔了一跤，而且在这之后，连他都不如的人都将他入学时的耻辱感转化为对他的不信任感，这时，一直活在他人的评价中的他，便会思考"自己只能是这样的人吗"这个问题，并以此经历为基础，从实力的角度重新审视自己。因此，失败不一定是坏事，有时正因为经历了失败和痛苦，我们才能看到自己的真正姿态。

　　我有位毕业很多年的学生，她因小时候患过关节炎而其中一条腿行走不便。在我们上大学期间，她一直以笑脸示人。我从心底佩服她，常常想如果有一天我只能拄着拐杖拖着一条腿走路，是否也能像她一样笑得那么美。但是，当她大学毕业并开始在某个地方工作的时候，她遭遇了"冷风"。她在我们大学的时候，因为同学们都有怜恤之心，对弱者以及身体不便的人都很和善，所以她平静地度过了四年时光。而等她走入社会后，她便成了大家眼中的累赘——因为她腿脚不便，不能做和别人一样的工作。心灵受到重创的她，有一天回到学校找我聊天。我忘了当时是否和她提了"拥有一双清醒并清澈的眼睛和一颗温暖的心"，但我记得我和她说过这么一句话："但是，这就是现实啊！"我告诉她，虽然过去的四年大学生活里她过得很好，好到甚至让她忘了自己腿脚不便这个事实，但无论大学生活多么温暖，朋友们曾经多么照顾她，她行走不便都是不可改变的事实。我当时说的都是一些十分冷酷的话。因为我觉得，今后的她必须接受这个不能改变的事实，并思考哪些事情可以改变。而这么说完的结果是，现在，她笑得比以前还要灿烂，过得比以前还要好。

她在学校的时候，别人总对她说"你虽然腿脚不便，但很了不起""你虽然腿脚不便，但笑得很美，心灵很美"之类的话，她也是这么想的。但是，进入社会后，"冷风"扑面而来。当她听到别人说"做事真慢""无论让她做什么都只能做别人的一半"等冷言冷语的时候，她才不得不改变她的自我概念。因为她碰巧知道应该改变什么、应该接纳什么，所以当不得不改变自我概念时，她没有以真实的自己，即一条腿行动不便这件事为耻，而是接着挺起胸膛走路。我觉得她的这种体验或与之相似的体验，大家在今后的生活中或许也会经历。等到了那个时候，大家即使心情低落，也没有关系。但是，一定要尽快从低落的情绪中走出来。因为即使你非常低落，也无法改变改变不了的事情。到那时，请大家一定要让自己的双眼保持清醒的状态，冷静地接纳改变不了的，一定要用一颗温暖的心审视自己，努力去改变可以改变的。

生活在世上，我们都要重视别人的评价。日本有"以人为镜，反躬自省""无火不起烟"等与之相关联的谚语。这些谚语的意思是：当别人说你闲话的时候，自己也应稍稍检查一下自己的行为。但是，我们不可百分之百信任他人。如果是百分之百信任某个人，那被信任的这个人也挺可怜的。

我曾在小杂志上发表过一篇题为《我们应珍惜友情，但与人交往时也应保持距离》的文章。我的某位朋友看到后，批评我说："你是不相信人吗？"因为我拥有被背叛的惨痛经历，所以我一直都以"友情很可贵，但毕竟对方也是人"的态度与人交往。我们可以重视"信任"这个词，珍惜信任，但如果将对方视为如上帝般的存在，我觉得对方就太可怜了。因为对方也有他自己的事情，也有他自己的想法，对方不属于和你拥有相同的理性和自由意志的人，所以即使对方是非常热情的人，依然会觉得自己才是最重要的。或许对方一直用清醒的眼睛看着你。

我一直认为，追求神佛式无条件之爱的人，都是自大的人。如果我觉得我是能百分之百地回应大家的信任的人，那我也是自大的人。我想尽我最大的努力回应大家的信任。但是，就像刚才说的那样，到了问题发生的时候，我不知道自己能否真的回应大家的信任。我认为，承认自己有"想回应，但能否真的回应是未知数"这个弱点，是一件重要的事。因此，今后大家和恋人、配偶、孩子以及父母等人相处的时候，在珍惜你们之间的信任关系的同时，也不可忘了"人是脆弱的"这一点。

谦逊是真理

当我们不断地审视自己的真实姿态时，我们就不会因别人的评价而让情绪发生大的波动。因此，谦逊地看自己，对于精神状态的稳定而言，非常重要。如果我们过分在意别人的话语、想法和评价,就容易因自己不如人意而受到约束。要是把所有注意力都放在想让别人觉得自己好上,我们就会过分在意别人的目光和评价。如果可能,我也想得到大家的赞扬和喜欢。我绝不想被别人讨厌,被人说坏话。因为我还没强大到即使被讨厌也无所谓的程度,而且这也不是我的真实所愿。但是,无论大家怎么想,我都必须做的事,即使被大家讨厌,我也要做。因为我想边获得"从不会出错的眼睛"的肯定边生活。

当自己做了值得被表扬的事并被表扬时,坦率地接受,即谦逊的表现。当别人对你说"昨天的演奏会非常棒"时,请边说"是吗,谢谢",边告诉自己下次要更努力。如果别人对你说"昨天的演奏会非常棒",你却边说"不,哪里谈得上好",边在心中偷笑,这不是谦虚的表现,这是在撒谎。如果你们拥有什么优秀的才能,这个才能便是上天的馈赠。因此,不可以否定它。你否定它可能是因为你觉得它是自己的东西,但实际上,大家拥有的容貌和才能——比如会说英语、会唱歌、擅长弹钢琴，都是上天的恩赐。因为你拥有的这些也很可能会被没收，所以在你拥有它的期间，当听到别人的表扬时，应说一声"谢谢"。反之，当听到别人的批评时，也应说一声"谢谢"。我觉得大家最好认识到"自己只拥有一点才能"这一点。

谦逊是真理。明明拥有某样东西却假装没有拥有，是在撒谎。相反，明明没有拥有某样东西却假装拥有，也是在撒谎。这两种做法都不是谦逊的表现。真正谦逊的人，都是"拥有便说拥有，没有便说没有"的坦率之人。如果能做到这一点，我们便能成为十分自由、豁达的人。

（三）理解他人

不必追求完全理解

在这之前我已经提到，认识无法彻底了解的自己，对我们而言是非常重要的事。实际上，除了认识自我外，了解他人，也是人们的共同愿望。做老师的人，都想了解每一个孩子的心思,已结婚的人也渴望了解自己的配偶。凡是父母,都想了解孩子为什么拒绝上学,为什么对父母持反抗态度。越是重要的人,我们想了解对方的心情就越强烈。如果是自己觉得无所谓的人,我们便认为可以不去了解,但如果是自己在意的人、恋爱对象,我们的心底往往会涌现想了解这个人的强烈想法。认为可以不去了解,即意味着持漠不关心的态度。特蕾莎修女曾说:"爱的反面不是恨,而是漠不关心。"如果我们觉得自己并不在乎是否了解某个重要的人,那么即使被说这是缺少爱的体现,也是没办法的事。虽然我们都想了解自己所爱的人的世界,但是,无法百分百了解他人也是一个重要的事实。

在人们中间,有的人认为父母是最不了解自己的人,还有人因为发现自己与自己深爱的对方并不了解彼此而愕然和不知所措。在这种时候,我们有必要拥有一双清醒的眼睛,将人与人之间的不了解视为正常现象。

有人曾做过一份以中学生和他们的父母为对象的

问卷调查。当被问"你的孩子有过自杀的想法吗"时，90％以上的父母回答："我觉得我家的孩子不会有这种想法。"但是，他们的身为中学生的孩子，每三人中便有一人回答："不止一次想过自杀。"这就是反映孩子和父母间存在隔阂的一个例子。或许这种隔阂也存在于好友间、恋人间、夫妇间、师生间。了解你爱的人，既是一件了不起的事情，也是一件令人高兴的事情。但是，我并不认为只有了解对方才是爱的表现。我一直认为，承受无法了解的孤独，也是爱的一种姿态。

刚才说到友情的时候，我提到如果百分之百信任对方，对方会很可怜。我觉得了解和信任一样，仅仅了解并不是爱。在我看来，与其说了解是爱的表现，还不如说承受无法了解的孤独，才是一个人爱他无法了解之人的表现和姿态。换言之，不围着对方说"让我了解你吧""你还有什么没说吧，坦率地说出来吧"，而是在有了某种程度的了解后，边承受无法完全了解对方的孤单感边生活，才是爱的其中一种姿态。两个人之间，或者也可以是多人之间的亲近程度，不一定和开放（openness）的程度有关，但一定与承认并尊重每个人的独特性（uniqueness）的程度有关。确实，人与人之间的亲近、亲密与开放程度有很深的联系。当心灵被"关上"的时候，爱就不可能存在。说爱不可能存在，可能说得有些过头，但不向彼此敞开心灵的大门，总是隐藏自己的两个人之间是否有真爱，我对这个问题持消极态度。因为真爱都存在于如实接受对方之时。只有一方主动给对方看自己存在的问题，而对方也能如实接受，这两人之间才存在爱。但是，毫无保留地说出，并不意味着亲密度就高。就像刚才说的那样，我觉得，相信并尊重你爱的人还留有你无法完全了解的部分，并承受由此所带来的孤独感，才是一个人拥有成熟的、可长久持续的爱的表现。而想拥有和了解对方的全部姿态，是充满孩子气的爱的表现。为了拥有成熟的爱，为了长久地交往下去（如果你爱某个人，你就会想一直爱下去），我们就必须拥有彼此不了解的部分或无法了解的部分。

当你了解对方的全部后,你就会觉得对方没有吸引力。而如果保留着未知部分,你就总能在对方身上发现新东西,感受到对方的魅力。在你感叹"一起生活了二十年,原来他有这样的一面"或"自己培育的孩子,原来也会说这样的话"时,伴侣间的新鲜感、为人父母的感动,便能从你的心底涌现。我觉得朋友间也是如此,我们也不可过于鲁莽地踏入对方的世界。如果我们已彻底了解对方,我们就会因没有新鲜感而厌倦对方。我觉得,如果我们想经常体验紧张的新鲜感,就必须承受由无法完全了解所带来的孤独感。由无法完全了解带来的孤独感分两种:一种是想了解对方的人因无法完全了解而感受到的孤独,另一种是想全盘说出却又努力控制自己的人所感受到的孤独。我认为,当彼此尊重对方身上自己不了解的部分时,真正的爱和信任才会存在于这两人之间。

拥有属于自己的圣所

于是,拥有属于自己的圣所,便显得十分重要。"sanctuary(圣所)"这个词,逐渐走进了日本人的生活中。比如,在"爱鸟周"等活动期间,人们会将禁猎区域或不允许带枪进入的区域称为"bird sanctuary"。其实,我们每个人都应拥有不让他人冒失闯入的"sanctuary"。已故作家高桥和巳的妻子高桥和子曾这么写道:

> 我是一个写小说的人。要问我想写什么,我想说,因为我觉得每个人都有他人无法了解的部分,而且每个人都拥有的这种无法被人完全了解的孤独,才是人类存在的关键,所以我想写这种孤独。

我们每个人都拥有别人无论如何都无法了解、领会的部分。珍惜由此带来的孤独,接纳、承受没人能完全了解自己的寂寞,是一件重要的事。我觉得,每个人都有不可被人触及的地方——或许也可以说是秘密地带。它的存在,从根本上说,是因为它与人的应有状态有关系,而不是因为人怕背叛,怕被泄露秘密。与其视无法相互了解为平常事,不如珍惜无法相互了解这种状态,这何尝不是一种理想的生活态度?

大家是随着年龄的增长不断建造这种圣所的人呢,还是必须全部说出才痛快,说完又觉得空虚的人呢?虽然人都有什么都想说出来的时期和阶段,但是我觉得,承受由无法完全了解所带来的寂寞和孤独,才是身为人格的应有状态,才是爱的表现。

有位和尚曾在某地写下"孤心"二字。圣所和孤心是否表达同一个东西,不得而知。但是,当我们发现每个人都拥有一颗孤独的心,都是孤零零的存在,并深刻体会到自己是孤独的人时,我们便可以说自己拥有孤心或圣所。比如,在秋天的黄昏时分,当我们独自站着的时候,在没有任何痛苦和苦恼的前提下,若能发出"啊,我在这个世界上孤身一人"的感叹,便是拥有孤心的表现。

孤独绝不是一件坏事。相反，孤独还能使人不断成长。毫无疑问，在友情或爱情的滋润下，在喧闹的地方，人可以获得成长。但是，人在孤独之中，也能成长。

有时我觉得，在黑暗中开始一天的生活，是一件非常不错的事。比如今天，12月2日，我不是随着太阳的升起开始新的一天，而是在深夜的一片漆黑中开始新的一天的，接着天色变亮，再变黑。有时我会想，正因为人生的每一天都始于黑暗而非光明，我才能得到拯救。我们总是将黑暗视为敌人，天一变暗，就马上开灯。现在的年轻人，尤其喜欢充满光亮的地方。

我曾听过这么一句让我印象深刻的话："要是在黑夜里点灯，便可惜了这好不容易到来的黑夜。"听到这句话的时候，我才意识到原来黑暗也有黑暗的价值。我们常常能听到"给黑夜带去光明"这句话，看到讲述一束光照亮黑暗人生的文章，是因为一般人都认为黑暗是坏东西，光是好东西，昏暗的地方是坏地方，有光亮的地方是好地方。但是，若仔细想想，我们便能认识到黑暗也有黑暗的价值。或许我们的人生也需要能说出"要是在黑夜里点灯，便可惜了这好不容易到来的黑夜"这句话的从容。

由于孤独和黑暗是一个道理，所以我希望能珍惜寂寞的时光。或许我们也可以让自己持有"要珍惜好不容易才涌现的孤独"的想法。我想，在迄今为止的人生中，大家一定有因被好友背叛或因失恋而感到孤独的时候。在那种时候，大家出于本能，可能会产生"让孤独感尽快消失，让自己尽快从这种感觉中逃出"的想法。其实，以简单的方式消除孤独感，很是可惜。因为在那种时候，我们完全可以静下心来建造属于我们自己的圣所。在孤独中，人都会成长。虽然我们没必要特意让自己孤独，但当孤独突然出现的时候，请不要以简单的方式破坏你心中的孤独感，请以类似于

"要是在黑夜里点灯，便可惜了这好不容易到来的黑夜"的心情，好好体验这段可以品味孤独的时光。这样做的结果是，你整个人会变得有深度。而且，只有彻底体会过孤独的人才有的优雅、豁达、强大，也会随之出现在你身上。如果你将孤独视为心中的包袱，想从中逃出来，你会马上找人倾诉，而且，你会吵着嚷着要赶走孤独，或者以大口喝酒、不断吸烟等方式逃避现实。而这样的结果是，不仅身体会变差，当回归现实的时候，内心也会变得极度空虚，而且，只要这么做，你便无法掌握承受孤独的能力。因此，今后大家最好为自己建造一处圣所，培养孤心。这样一来，你便不会让别人鲁莽地闯入自己的圣所，也不会冒失地闯入别人的圣所。

石川啄木有一首诗是这么写的：

吐露了心怀

觉得仿佛吃了亏似的

和朋友告别了

我也经常有类似的想法。虽然很多时候在吐露心声之后都有得救之感,但有时也会边后悔地想"要是不说就好了""要是把那件事一直藏在自己心底就好了",边觉得自己作为人格的水准也随之降低了。这并不是一首劝诫人最好什么都不要倾诉的诗。我们也有在吐露心怀后涌现得救之感的时候。不过,我们也有向人说了"觉得仿佛吃了亏似的"的内容的时候。

无法了解他人的孤独,也是爱的一种姿态

我很少参加毕业生的结婚典礼,偶尔参加的时候,我会想:"在迄今为止的二十多年里一直过着完全不同生活的两个人,今后要生活在一起,不努力了解对方可不行啊!"夫妻两人在相处的过程中,既有看上去互相理解实际上有分歧的时候,也有在一起生活后发现对方与之前自己想的不一样的时候;既有被误解的时候,也有误解对方的时候。人际关系这种东西,交往不深的时候你觉得很容易处理,交往得越深入,你会觉得越难。

多倾听——想要为了解对方而努力，首先需要做到"多倾听"。我们有两只耳朵一张嘴，或许这也意味着我们必须做到听比说多一倍。我们身边也有用身体表现爱、索取爱的人，在与这类人相处的时候，边听边看是一件重要的事。在这种时候，我们也不能忘了"我们无法百分之百了解一个人"这个前提。我参加国际会议的机会特别多。在最近参加的国际会议上，我发现，当A说完话，B发表意见的时候，不再以"you said（你刚才说）"开头。以前，人们都以"you said"为开头语反驳别人。而在最近的国际会议上，最引人注意的是，大家都使用"I heard you say"。"I heard you say"意为"我刚听你说……（但……）"。它和"you said"相比，措辞上有一点小变化。当别人发表了对和平的看法，而你又持有不同看法时，可以这么说："我刚才听到你对自由和和平发表了这些看法，但是在不同的文化背景下，我对和平是这么看的。"

比如和妈妈对话，我们不应说"妈妈，您刚才这么说了"等带吵架倾向的话，而应说"刚才妈妈您说的话，我可以这么理解吗"等留有进退余地的话。这样我们就能维持与对方的人际关系。

体贴——拥有一颗体贴之心，也很重要。如果自己没有经验，体贴他人就是一件困难的事。有一次，某侍女对玛丽·安托瓦内特[1]这么说道："王后，您过着这么奢华的生活，而现在法国的国民却都处于极度饥饿之中，有很多人都吃不上面包。"等侍女说完，玛丽·安托瓦内特若无其事地回答道："啊，是吗？没有面包，那他们干吗不吃蛋糕？"她当时是否真的这么说了，已无处查证。或许我们在生活中也会像没有饥饿体验、过着极度奢华生活的玛丽·安托瓦内特一样，做出类似这种反应。

我们难以理解对方的话语或行为，通常是因为我们不曾拥有与对方类似的体验。我刚才提到体验孤独

1　法国国王路易十六的妻子。

是一件重要的事，其实，孤独也是同理，不曾体会过孤独的人，便无法安慰孤独的人。因为只有体验过孤独之苦的人，才能说出有分量的安慰话。

那么，是不是想要体贴他人就必须经历一切呢？其实并非如此。虽然未经历过婚姻生活的我，既不会谈婚姻生活，也不知道妈妈是如何孕育孩子的，但是，我可以凭借类似的经验谈论培养孩子的艰辛、母爱对孩子成长的重要性。如果说想要体贴他人就必须经历一切，那么我们就可以得出"凡是医生就必须得过所有病"的结论。但这是不可能的事，而且我们体贴他人也是有限度的。所以，从体贴他人的角度说，我们必须感谢我们拥有的各种各样的体验。

今后我们在经历各种各样的体验时，最好将这些体验作为自己的营养，并在某一天将自己所积攒的营养分给他人。我想，"因为我在妈妈去世的时候十分悲伤，所以你一定也很悲伤""因为我被人背叛过，知道其中的痛苦，所以你一定也很痛苦"等体贴的话，或许有类似经历的人比未曾失去妈妈,未曾被人背叛的人,更容易说出口。

接受每一种独特的体验——所谓将你的每个体验看作独特的体验,即我们应知道"我"在母亲逝去时感受到的悲伤,未必与别人在母亲逝去时感受到的悲伤一样。我们应让自己记住,自己在被背叛时体会到的痛苦、在被抛弃时体会到的悲伤、在被误解时感受到的气愤,虽然和别人在某种程度上有共通部分,但一定和别人的不一样。

希望我们不要因为自己体验过被背叛的痛苦,就对别人说"你现在的心情,我完全理解,我全都理解"。如果我们保持"了解一些,但不知以后会怎么样""我并非完全了解对方的悲与喜"的谦虚态度,就能尊重对方的经验,并让自己持有"对方也有我不了解的痛苦"的想法。

如果我们与对方拥有类似体验,很多时候我们就会忘了把对方的悲和喜看作属于他的独特体验,就会用"啊,我也有这样的体验,你还是不要太在意为好"等很随便的话安慰对方——这种安慰的话只会适得其反。因为理解他人是一件很难的事,所以想要很好地理解他人,我们不仅需要经历类似体验,还需要保持"世上没有完全相同的体验"的谦虚态度。

第五讲 爱

（一）爱是什么

我先说最普通的定义：

所谓爱，即某人被自己所认为的有价值的对象所吸引时出现的心理活动过程。

这是写在由平凡社出版的《世界大百科事典》中的定义。

还有一个定义是神谷美惠子老师提出的。神谷美惠子老师是一位非常了不起的医生。她生前一直在邑久町的长岛爱生园（国立麻风病疗养所）为人免费看病。她在《关于生存的意义》一书中，写下了她对"爱"的定义：

> 所谓爱一个人，即在将对方视为无可替代的人的同时，拥有一颗爱惜对方、想让对方的生命朝着其原本使命伸展的心。

还有第三种定义。我不知能否将它称为"爱"的定义。据辞典记载，在约440年前，基督教的传教士初次来日本宣传上帝之爱时，用"御大切"一词表示"爱"。[1]

以上是关于"爱"的三种定义。

其实，关于"爱"的定义有很多。我曾经问小学生们"什么是爱"，他们的答案也是五花八门，有的说

---

[1] "御大切"的原本意思是"珍爱、珍惜、保重"。出于想让日本人更易接受他们的教义的考虑，当时的传教士使用了"御大切"这个日语词代替"爱"。

"爱是信任",有的说"爱是宽容",还有的说"爱是融为一体""爱是互相有关系"。按照爱的最普通的定义,爱是某人被自己所认为的有价值的对象所吸引时出现的心理活动过程。反之,人也有抗拒某人、想远离某人的时候。有我们喜欢的人、爱的人在的地方,我们都想靠近。而有我们讨厌的人、敌人在的地方,我们从不会特意靠近。虽然也有因想干掉敌人而靠近的时候,但这种时候,我们往往是因为通过打倒敌人自己可以建奇功,而将敌人视为有价值的存在。

人都是在爱的驱使下行动的。让大家思考什么是真正有价值的东西,是大学教育的一大重要目的。简言之,大学教育的重要目的是让大家具备常识。如果大学教育缺失这一点,就会培养出很多将毫无意义的东西视为有价值的东西的人。不过,当我们判断什么有意义、什么没有意义时,多少都会带上个人的主观色彩。看大家与男朋友谈恋爱的时候,我们旁观者或许会觉得某某同学被那样的男孩吸引是一件难以理解的事。但是,只要对当事人来说他是有价值的存在,她就会被吸引。"爱"的这个最普通的定义,适用于各种事物。

总的来说,相比这个最普通的定义,神谷老师的定义则主要着眼于人与人之间的关系。她在下定义的时候,用了作为动词的"爱"。"所谓爱一个人,即在将对方视为无可替代的人的同时,拥有一颗爱惜对方……的心"这句话的后半句,很重要。"拥有一颗爱惜对方的心",并不是将对方视为己有,而是"让对方的生命朝着其原本使命伸展"。因此,有时候,爱是残酷的。如果你判断你会妨碍他朝着本来的使命伸展生命,你甚至可能会与他脱离关系。而这就是爱的一种。将彼此视为无可替代的人爱惜彼此,绝不是说两人紧紧地黏在一起,也不是说将对方视为自己的所有物,而是拥有一颗希望对方成长的心。

有时,我想对妈妈们说:"如果你们真的爱自己的孩子,请不要按照你的意愿培养孩子。请为孩子选择一条最能促进其成长的路。"有时候，父母会为了满足自己的虚荣心，为了实现自己未能实现的梦想或让自己年老后生活有保障而强迫孩子做一些孩子难以办到的事。有的父母甚至希望孩子永远不离开自己，永远都当他们可爱的孩子。针对父母们的这种心情，神谷老师在定义中对他们提出了严格的要求。

我觉得，爱一个人就应该告诉对方"你对我来说真的很重要"。确实，现在无论是流行歌曲，还是杂志、漫画，都会描写爱的场景，都会用上和爱有关的词。这个现象和我刚才说的第一个定义十分相符。因为都是在歌唱一个人被自己所认为的有价值的对象吸引时的情感。但是，这个现象是否适用于神谷老师的定义？我对此持怀疑态度。流行歌曲中的歌词，是在述说真正爱惜对方、希望对方成长，还是以恋爱中的自己为中心的甜言蜜语？此外，当我们歌唱"你是我重要的人"时，说"重要"是因为"我"确实无私地爱着"你"，还是因为"你"现在是"我"需要的人？至于为何需要对方，既可能是因为他能给你排遣寂寞、带来欢乐，也可能是因为他有钱、有交往的价值，或是因为他年轻、出身名门。如果是这样，这种爱就不是无条件的爱。

特蕾莎修女现在正在从事的工作，是得不到一分钱好处的工作。迄今为止，她来过日本三次。每一次来，她的脊背都比上一次更弯曲。这可能是因为她常常弯腰照顾病人吧！她从中挣不到一分钱。从某种意义上，或许可以说她因此收获了名声，但我觉得她做这些事不是为了名声。如果是为有钱的病人做那么多工作，一定能得到不少报酬。但她施爱的对象都是一些又脏又臭、常人看一眼后就不想再看、无亲友前来道谢的病人。

暂且不论我们能否做到那个程度，我们应记住，"御大切"这个词的本来意思，是为或许不能给自己带来任何利益的人倾注的无条件的爱。或者说，是指神佛所持有的爱。在长达一生的时间里，即使我们不能持有这种爱，也能让自己的爱接近这种爱。我认为，以诸多条件为前提爱别人的人,现在太多了。我们周围都是一些因对方年轻、漂亮、对自己有用、有钱、健康而爱别人的人。而"即使你生病了,没钱了,我也爱你""我不是爱你的钱,而是爱你本人""虽然你身体健康是最好的,但我也爱生病的你",持有这种爱的人,现在已变得越来越少。

(二)性 质

爱不同于喜欢

大家都知道"like"和"love"的区别吧!

我们很容易认为"喜欢"和"爱"只是程度不同而已,以为说"非常喜欢"便等同于说"爱"。在日本,由于很多人都羞于将"我爱你"说出口,所以很多时候都会用"我非常喜欢你"代替"我爱你"。比如,"我非常喜欢红色衣服"这句话,如果是美国人,或许就会说"I love to wear red clothes"。但日本人一般不会在普通会话中说"我爱穿红色衣服"这句话。喜欢,主要指感情上、生理上的感觉；而爱，与其说是一种意志行为、生理行为，还不如将它视为一种人格行为。如果我说爱是一种意志行为，或许大家会认为我是在亵渎爱。但是，弗洛姆（Erich Fromm）曾说过这么一句话：

爱某个人，并不只是一种强烈的情感，同时它也是一种决定，一种判断，一种承诺。

弗洛姆想说的是，"爱"与"非常喜欢"是有一些差别的。

有一年9月中旬，我在走廊与一位毕业生见面。她的结婚典礼将在该年9月末在教堂举办。但她看起来却十分无精打采。我刚说"结婚前很忙吧"，她便说："我有话想和您说，我们进去说吧！"接着，她告诉我，她那位已经交往了两年的恋爱对象，这个夏天随团去美国旅行，回来后，他坦率地告诉她，在那个旅行团里有一个他十分喜欢的女孩。听到这里，我叹了口气，和她说:"在外国旅行,日本人之间可能会产生相互依靠的感觉。"我刚说完,她就接着说,因为他回来后依然说十分喜欢那个女孩,所以她不知是应该延迟婚期,还是应该放弃这段感情。她说她想听听我的意见。

虽然这位毕业生并不是基督教徒,但他们已决定在教堂举办婚礼。大家应该都知道,在教堂举办婚礼,是需要双方交换誓词的,需要对彼此说:"我发誓,无论疾病健康,无论顺境逆境,我们都是夫妻。"我和她说:"他只是碰巧在婚前遇到了一个心仪女子,而且他坦白了。我觉得,婚后是不是还会出现他喜欢的女孩,他并无法保证。你也无法保证今后你不会遇到你喜欢的男子吧!"她是一个非常纯真的人,我在和她说这句话时,她一直眨巴着眼睛。我当时把人想得很坏,而她的心中只有她的结婚对象。虽然我觉得这是一件好事,但也觉得这有点令人害怕。于是,我说道:"说完结婚誓词,并不是说你们便拥有了绝对的抵抗力。结婚后,依然有可能会出现让你们转移视线的男人、女人。我觉得，发誓说'无论顺境还是逆境，两人都是夫妻'，不仅指'无论工作顺利与否，无论公司繁荣或倒闭，两人都是夫妻'，还指'无论事情开展顺利，还是有些难以处理，两人都是夫妻'。两人之所以在上帝面前举办婚礼，我想是因为两人希望即使是在遇到难以处理的事时，也能紧紧拉着彼此的手，或希望上帝能赐予你们继续前行的力量。"最后，我建议她回去再好好和他谈谈，如果他真的非常喜欢那个女孩，可以放弃，如果如刚才所言，这是以后也会遇到的迷茫，是可以跨过去的。

最终，他们举办了婚礼。在婚礼开始前，她给我打了一个电话，当她说"我决定结婚了"时，一点都不开心。我虽然觉得她很可怜，但还是对她说了这么一句话："请一直相信对方，即使发生了什么，即使觉得自己被骗了，也要一直相信对方。"结婚一个月后，她给我写了一封信。她在信中说："在发生那件事前，我一直认为结婚是两年恋爱的延续，他只想着我，我只想着他。如果就以这种状态步入婚姻的殿堂，我得多么高兴呀。但是，现在已经不同以往。"虽然还没开始复杂的婚姻生活，感情就出现了裂缝，但是他们还是在做出决定、判断后，在上帝面前许下永远是夫妻的承诺。像他们这样的爱，不是不成熟的爱，是可以一直持续下去的爱。我认为，像线香花火一样在"啪啪"发光后即无精打采地掉落的爱，与"爱"这个名称并不相配。爱必须持久，爱需要持久，虽然也可能暂时高高燃起。毫无疑问，爱也有终点。但是，爱的立场与短暂的喜欢完全不同。

数年前的2月26日，我被电视台叫去录节目。因为我是"二二六"事件中被杀害的人的遗属，所以即使我不想回忆起那个血腥的场面，他们也希望我能参加节目的录制。让我意想不到的是，杀害我父亲的人也被叫了去。在那里，我被安排和他一起喝咖啡。但是，即使我把咖啡送到嘴边，我也喝不下去。那种感觉，我自出生以来从未体验过。在那之后，也没有体验过。

虽然是我喜欢喝的咖啡，但是即使拿到了嘴边，也喝不下。人们都说"某人能与你坐在一起喝饮料、吃东西，就说明他是你的朋友"，在那之后我深切地体会到了这一点。不知为什么，录制节目的时候，我的内心十分慌乱。因此，那一次，我好不容易才把节目录完。在录制现场，我深切地意识到，爱敌人是一件很困难的事。在那之前，每当有人问我"你恨杀你父亲的人吗"，我都能轻松地回答说："不恨，已经原谅他了。"但是，当杀害父亲的人就站在我眼前的时候，我却不能和他一起喝饮料、吃东西。不能与仇人一起喝饮料、吃东西，说明毕竟我也是人。同时，这也说明当时我的修养还不够。

如果现在有人问我"你还恨他吗"，我或许会回答"不，不恨了"。如果有人问我"你爱他吗"，我会回答"我爱"。我说我爱他，是指我将他视为重要的人、这个世上无人可替代的人，并希望他能过上幸福的晚年——现在他已八十多岁。我之所以不恨他，不希望他不幸，是因为我已尽我最大的努力转恨为爱。

之所以讲这么多我个人的感悟，是因为我想说，爱一个人并不是一件容易的事。刚才，关于爱，我讲了很多。我想向大家证明的是"即使不喜欢也能爱上"这一点——喜欢和爱是两码事。即使不喜欢也能爱上，是一种意志行为，是一种人格行为。从感情上、生理上说，我讨厌那个人。我既不想靠近他，也不想再次见到他。但是，从意志上、人格上说，我能让自己从心底希望他幸福。

爱你喜欢的人，是一件十分容易的事；爱你不喜欢的人，绝不容易。被你喜欢的人吸引，也是一件十分容易的事；不过，就像神谷美惠子说的那样，即使是你讨厌的人，你也要希望他朝着其原本的使命伸展生命。爱不喜欢的人，如果不努力，我们就做不到。

爱是一种力量

当我说"爱是一种力量"时，可能有人会反问我："爱不是什么？"怎么说好呢？我觉得爱不是每个人与生俱来的东西。我们不能说谁生来就拥有十千克爱，或者说我只有五千克爱。也并不是说只有五千克爱的我，要是给别人两千克爱，就只剩下三千克爱。我们之所以常常说爱有限，是因为我们时常可以看到有些妈妈不舍得把她给予她孩子的爱倾注在别人身上。虽然她们嘴上不会说"我的爱只给我的孩子，我没有多余的爱可以给别的孩子"，但我们看她们的态度就能明白她们的想法。其实，爱是一种力量，是一种越用越能涌现的东西。它不仅像泉水一样会越舀越多，而且越用越能培养出来。

不仅我这么想，弗洛姆在《爱的艺术》一书中，也曾提到"爱需要后天培养"。但是，据弗洛姆说，人们都不想培养爱，因为人们都认为爱是一种只要优秀的、合心意的人出现，便会自动从我们的心底涌现的情感。如果优秀的王子出现了，爱便会涌现——这在弗洛姆看来，是一种非常错误的想法。但是，现在放眼看去，确实有很多人因身边没有优秀的人而心中没有爱。弗洛姆说，如今有太多的人采取了等待观望的态度，因为他们都认为只要优秀的人出现，爱便会涌现。这就好比是从不练习钢琴的人，说只要有钢琴自己就会弹一样。也好比是从不练习打字的人，说只要有文字处理机或打字机，他就会打字一样。没有努力练习，怎么可能会呢？反过来我们可以说，如果每天都练习，即使是用老掉牙的钢琴，我们也能弹出好的音乐，即使是不好操作的打字机，我们也能打得很好。画画也是同理，如果我们平常培养绘画素养，练习基本功，即使是人们容易忽视的寻常风景，我们也能将它漂亮地画出来。但是，如果平常不做任何练习，总是说"如果看到打动人心的亲子图或绝美风景，我就会画画"，这样的人永远也学不会画画。拍照也是如此，如果平常不接触相机，总是说"如果遇到精彩的场面，我就会按快门",这样的人怎么会按快门呢?同样,如果我们只是一味地等待优秀对象的出现,我们便不会爱人。因为能将非常普通的风景照成美景,能在画布上画出好画,都是平时努力的结果。

只是一味地等待闪闪发光、谁见了都说好的东西的人,每天不是说"这个太无趣""那个太平凡",就是说"这个太普通""那个随处可见"。爱对于这样的人而言,是一件困难的事。反过来可以说,如果一个人不知道让平常的东西绽放光辉,便培养不出爱的能力;如果一个人只追求耀眼的东西,他的生活便会变得非常贫瘠。其实,我们应该边让平常的东西绽放光芒边生活,应该带着感动生活,应该用一颗感恩的心对待普通的人或事。能否持有这种态度,很重要。

今年大学节的主题是"Young Blood(年轻的血液)"。这里说的年轻,绝不是指年龄上的年轻。但是,心灵是否会长皱纹也是我们需要面对的问题,为了今后能一直以心灵不长皱纹的状态生活下去,我们需要心灵的"护肤品"。正如只有每天不厌其烦地护理皮肤,皮肤才会变光滑一样,想要让心灵的"皮肤"不变粗糙,我们必须不断地为心灵涂抹"营养乳液"。

从今以后,请大家每天至少让自己拥有一次感动,请寻找你们觉得"真不错"的东西。要是你们和我说"我们大学没有让我觉得不错的东西,尽是一些司空见惯的东西和陈旧的东西",我会觉得十分难过。那我是不是一个期待每天都能在某处看到新东西的人呢?答案是"不是"。请大家不要成为只有看到新东西才会心动的人,请成为能为微不足道的东西心动的人。当你看到幼儿园的孩子从对面拼命跑过来的姿态时,如果你没有认为孩子会跑是理所当然的事,而是从中找到了让你感动的东西,那么你一定是一个心灵不怎么起皱纹的人。这样的人,可以在大家都忽视的东西中找到让自己感动的东西,不会在新的东西、稀奇的东西、谁都会感动的东西中寻找感动。我认为,只要拥有一颗对困难心怀感恩而非不满的年轻之心,无论是今天、明天,还是后天以及未来,我们都能培育出充满力量的爱。

通常,爱那些惹人爱的东西,是一件容易的事。我想到在三浦绫子的《爱与相信》中,有这么一句话:

> 能称之为真爱的爱,不是倾注在谁都会爱的东西上的爱,而是倾注在谁都不会回头看、看起来没有价值的东西上的爱。

虽然无论是爱当下时运亨通的权力者,还是重视你觉得与之交往便能得利的人、人见人爱的可爱婴儿,都很容易做到,但这种爱未必是真爱。让人不忍直视的脏兮兮的人、患有阿尔茨海默病的老人,与这类人打交道,你不仅得不到一分钱的好处,还可能会被人说坏话。但是,如果我们能在这类人的身上找到价值,我们便能培育出充满力量的爱。我们在每天的生活中,爱的都是容易爱的东西。假如现在有两个房间,一个暖和，一个寒冷，我想人们都会欣然前往暖和的房间。被爱起来容易、适合爱的东西所吸引，是人之常情。但是，如果我们也能发现爱起来不容易、不适合爱的东西的价值，我们的爱的世界就能不断变得宽广。

濑户内寂听[1]曾光临我家。在我和田中澄江[2]一起陪她吃晚饭时，田中老师问了一句："濑户内老师，据说你从前有很多漂亮的衣服，你是怎么处理这些衣服的？"濑户内老师回答道："啊，那些衣服呀，都送人了。"田中老师接着问道："那时你舍得吗？"濑户内老师回答说："已不觉得可惜。"接着，她对我说："像我们这样的人，要是舍弃了什么东西，便不想再次拥有它们，即使至今依然觉得它们很漂亮，对吧？"我回答说："是的，我也是这么认为的。"

虽然我没有生过孩子，但我现在看到可爱的孩子，依然会发出"啊，真可爱"的感叹。我以前是一个非常喜欢宝石和香水的人，现在看到漂亮的宝石、好闻

---

1 日本作家、天台宗的尼姑。早年间风流放荡，晚年皈依佛门。
2 日本剧作家、作家。

的香水,依然会觉得"它们真不错"。但是,我已没有将它们戴在手指上或抹在身上的欲望。虽然我没有丢失评估它们的价值的眼光,但这些东西与我的关系,已发生改变。能像我这样发生变化,是一件十分重要的事。虽然现在依然认为它们有价值,但现在已不想拥有它们,或不会硬要拥有它们,这是变化的一种。以前觉得微不足道的东西,从某个时候开始已将它视为重要的东西,这也是变化的一种。我以前看到患有阿尔茨海默病的老人,不会为之触动。在我的母亲变为这类老人并得到医护人员长达一年的细心照顾后,我看他们的眼神发生了变化。由此可见,在一生之中,我们所爱的对象,是会发生改变的。孩子也会发生类似的这种变化,比如,小时候视为宝物的娃娃,从某个时候开始,便不再觉得重要。或从前只喜欢又大又漂亮的娃娃的孩子,从某个时候开始,可能会抱着对自己而言很重要的脏娃娃入睡。我觉得,在生活中留意这种改变,是一件重要的事。

刚才我说，爱通常是因被优秀的对象所吸引而产生的现象。优秀的人出现后，我们想献上自己的身心；看到品质绝佳的水貂皮外套后，我们发出"啊，好漂亮，真想要"的感叹，都属于正常的现象。但是，当我们溺水的时候，我们会发现一块漂浮在水面上的破木板比漂亮貂皮更有价值。总之，一般说来，爱是被对自己而言有价值的对象所吸引而产生的现象。当让我们心潮澎湃的对象是在谁看来都是闪耀着光芒的人或物时，我们很容易爱上。

闪耀着光芒的人，人见人爱。然而，当他失去光芒的时候，我们是否还能继续爱他，却是一个问题。或许可以说，我们人生中的大部分痛苦都是由这个问题引起的。

结婚对象只是其中一个例子。除此之外，当自己的孩子、朋友——什么人都可以——失去光芒的时候，你们能继续爱，或因很难再继续爱而让自己变得坚定一点吗？当你所爱的人生病时，你还能爱吗？当你所爱的有钱人没钱时，你会不会马上抛弃他、远离他？这些都是考验你们的问题。当然，大家既然都是人，就会有各种自私的想法。比如我们能重视真正对我们好的人，但如果对方对我们很冷淡，我们就会疏远他。或者当对方对自己很有用时，在他身边待着我们不会感觉痛苦，但当他成为累赘时，我们便会开始疏远他。

我也有这种自私的想法。因此，正如刚才所言，在一生之中，我们与自己的大部分斗争，都与"当我们爱着的人或物失去光芒时，我们是否还能继续爱"密切相关。

爱自己是最基本的人际关系

最基本的人际关系并不是与父母、兄弟、朋友的关系，而是与自己的关系。我之所以说爱自己很重要，是因为总是和讨厌的自己、只会轻视自己的自己相处，是一件痛苦的事。

无论是吃午饭还是旅行，我们不想和自己讨厌的人一起，而是想和自己喜欢的人一起——虽然和自己喜欢的人一起也会遇到讨厌的事情，也会有意见不合的时候。结婚的时候也没人会特意和自己讨厌的人结婚。之所以这样，是因为凡是人都想尽可能多地和自己喜欢的人在一起。和自己喜欢的人在一起的人是幸福的。同理，如果有人非常讨厌自己，只会轻视自己，他就必须每天24小时和这样的"我"相处。而这样的结果是，他很容易成为不开心的人。

"仁爱始于家（Charity begins at home）"是一句谚语。它的意思是，爱人应从离自己最近的人爱起。离一个人最近的人，既不是妈妈、爸爸，也不是至交好友，而是他本人。或许有人会说："出生后，我便开始爱自己。因为我是一个极度自私的利己主义者，所以我先爱自己。"其实，自我主义、利己主义与真正意义上的"爱自己"恰好相反。因为他们只爱有魅力的自己。换句话说，所谓利己主义，即总是将自己放在有利立场的人的生活姿态，我是这么认为的。因为他们只爱有魅力的自己,所以他们总是为将自己置于好条件之下而忙碌。要是选工作,他们会选择最轻松的工作,从不会选择有损于自己的工作。他们只会以自己为中心考虑事情。这看似是爱自己的表现,其实不然。这种人不爱没有成为话题中心的自己,当别人成为大家关注的焦点的时候,他们没有空余的时间笑看自己当幕后英雄。

真正爱自己的人,从不会觉得以幕后英雄的身份在背后流汗付出是一件悲惨的事。他们从不会抱怨"为什么别人做的工作都那么轻松,而自己尽做一些辛苦的工作",也不会因此觉得自己很悲惨。无论是做多么脏、多么被人轻视的工作,他们都爱惜自己。可以说,能笑看努力做这种工作的自己的人,都是真正爱自己的人。而利己主义者就不同了,由于他们无法忍受做这种工作的自己,所以他们想一直以自己为中心,想尽量做轻松的工作,不让自己受损。因为能爱自己的人会永远与"自己爱的人"共存,所以他们往往能过上幸福、满足的生活。

刚才我提到,我们之所以必须爱自己,是因为总是和讨厌的自己、只会轻视自己的自己相处,是一件痛苦的事。此外,还有第二个理由:爱必须始于近处。可以说,连自己都不爱的人,也无法爱他人;连自己都无法宽恕的人,也无法宽恕他人。在某次课上,在我说完这些话后,有学生和我说:"您刚才说无法宽恕自己的人也无法宽恕他人,我理解不了。我觉得有时候同样的一件事,如果自己做了,则无法宽容自己,而他人做了,我们却能对他持宽容态度。"听完,我马上明白了她为何理解不了。不过,当时我只问了她一句话:"你可以宽恕的'他人'是谁?"

我觉得,宽恕他人的容易程度与距离成比例关系。宽恕离自己较远的人,非常容易,但如果是自己真心对待的人背叛了自己,或是看到自己的妈妈做坏事,自己一直十分尊敬的老师做出粗鲁的行为,我们便难以宽恕他们。换言之,离自己越近,就越难宽恕。大家可以在实践中验证这一点。虽然有时候也会出现"正因为你爱他，才更容易原谅他"的情况，但在被背叛的时候，往往是距离越近，越难宽恕。而且，只有具备大爱的人，才能宽恕难以宽恕的事。

保罗·蒂利希（Paul Tillich）这位美国神学家在《存在的勇气》一书中，写下了十分重要的一段话：

存在的勇气是一种肯定他自身的存在而不顾那些与他的本质性的自我肯定相冲突的存在因素的伦理行为。

在每天的生活中，我们会涌现各种各样的勇气，如跳入水中救溺水儿童的勇气，在火车上提醒对禁烟标志视而不见的吸烟者的勇气，当大家都向右走时就自己向左走的勇气，当大家都乘电梯时就自己爬楼梯的勇气，等等。但是，存在的勇气稍稍不同于这些勇气。告诉自己"既然这样，就接受吧"，是自我肯定的表现。

而所谓"存在的勇气",是一种"尽管清楚地知道有很多存在因素与自我肯定相冲突,还是能勇敢地爱自己"的行为。

比如,我想一直年轻貌美,但当我站在镜子前时,却发现自己的脸不仅十分憔悴,还十分显老。换言之,几个存在因素与自我肯定发生了冲突。尽管如此,我依然爱满脸皱纹的自己。这便是真正的勇气。再比如,我希望自己是一个头脑聪明、被男朋友爱惜的人,但是,现实中的自己,不仅头脑不聪明,还总是被男朋友抛弃。更糟糕的是,被抛弃后,连男朋友都交不上。尽管现实很糟糕,但我不但不厌弃自己,还如实地接纳自己。这也是真正的勇气。此外,我们还会遇到很多连自己都无法接受的讨厌的事,比如求职失败、被谁抛弃、做事笨拙,或一些颠覆自我形象的言行等。在遇到这些事后,依然肯定自己的存在,便是拥有勇气的表现。所谓"肯定",即英语中说的"affirm",它的意思是"不否定自己"。

八木重吉有一首短诗是这么写的：

站在

我的身旁

看我

美美地看着

我曾说，每个人的心中都有两个自己——正在注视的自己和被注视的自己。这首诗很清楚地体现了这一点。"看我"，既不是以美化自己的眼神看自己，或以憎恨的眼神看自己，也不是怜悯地看自己，而是美美地看自己，或许也可以说成是"温柔地看自己"。我喜欢"站在我的身旁，看我，温柔地看着"这句话，而且常常在心中默念它。之所以经常默念它，是因为很多时候我都没有做到温柔地看自己。很多时候，我都是冷冷地看自己，或虐待自己，责备自己"为什么做出这么傻的事"。在这种时候，我便用这句话提醒自己要温柔地看自己。如果大家也像我一样，站在自己的身旁温柔地看自己，面部表情便会变得温柔，内心也会变得温柔。

被爱的重要性

我们这样的人怎么做才能爱自己呢？用一句话说便是，如果有人爱我们，我们便能爱自己。换句话说，在爱自己之前，要先得到别人的爱。当然，认识到"我是世上的唯一""无人可以替代我"，也是爱自己的一大前提条件。如果大家在收到一件价值高昂的礼物后，别人告诉你"它非常贵"，你们一定会十分珍视它吧。或者当有人和你们说"它很罕见，只有少数人有"，你们或许也会将它视为宝贝。当你们手中拿着的是价值数千万日元的容器时，我想你们应该不会将它随便扔入洗碗池中清洗吧！但是，我们每个人都是即使花数千万日元也买不到的容器。

除此之外，如果有人爱，有人认可自己的价值，我们就可以发现自己的价值。看大家的言行便能明白这一点：凡是有人爱的人，都很重视自己，而总是说自己无关紧要的人，往往是没有人爱的人。有人甚至会说："无论我变成什么样，都没有人会为我哭泣，爸爸妈妈都不在乎。这样的我还是不存在为好。"作为重要的孩子、被爱的人，不会有这种错误的想法。因为被爱的人都会在某个时候涌现"不可过于草率地对待自己"的想法，阻止自己继续错下去。

女孩一交上男朋友，就会变得比以前漂亮。因为想让对方一直喜欢自己，所以总是穿对方喜欢的衣服、做对方喜欢的动作。换言之，为了一直被爱，女性往往会迎合对方的喜好。虽然被人爱是一件非常美好的事，但我们也有必要冷静地思考"对方到底爱自己的什么"这个问题。当下，很多爱都是有条件的爱。比如，父母只爱取得好成绩的孩子，恋人只爱对自己言听计从或满足自己欲望的人。只有取得好成绩才会被爱的孩子，或许会为了得到爱而在考试中作弊。只有不做坏事才会被爱的孩子在做了坏事后，或许会为了继续被爱而拼命将罪过转嫁于他人，或撒谎说自己没有做坏事。如果问他们："你有必要为了被爱而让自己如此不自由吗？"有人会给出这样肯定的回答，说："即使如此不自由，我也想继续被爱下去。"或许我们都有这样的时期，但对于人而言，最重要的还是"做自己"。为了做自己，我们有必要让自己得到去除各种条件的爱。

如果有人真的爱你，他就不会嫌弃你的伤口。世上有人能为你擦拭从伤口处冒出的血和脓，为你缠绷带，是一件非常棒的事。如果世上有人边说"伤口不脏"，边和你一起观察你自己一人不敢直视的伤口，有人边和你说"只要这么治疗，伤口就能痊愈"，边为你涂抹双氧水、缠纱布，你就能变成不再恐惧伤口的人。因为在那之前，没有人爱受伤的你，所以你恐惧伤口。当你身上没有伤时，爱你的人有很多。但是，知道你有伤口后立即不理你的人，迄今为止也有很多。因此，你逐渐掌握了生活的智慧，努力掩盖自己的伤口，即使有伤口也会对别人说"我没有伤口"。这样的你，活得十分不自由。但是，当和你说"我喜欢有伤口的你"的人出现后，你便会不再恐惧将伤口给人看。当有人为你缠绷带、做治疗后，你便会变得不再恐惧伤口，你的心底便会涌现"下次再受伤，还请你帮我看"的信赖感。

而且，你不会再害怕接近受伤的人。你能变成为别人涂抹双氧水、排脓、温柔地缠绷带的人。虽然按道理说，你从一开始就会缠绷带，但想要学会温柔地为人包扎伤口，你必须拥有有人曾为你温柔地包扎伤口的经历。可以说，能遇到温柔地为你包扎伤口的人，是非常幸运的事。我曾遇到这样的人。在他为我缠上绷带后，我才意识到有人不会介意我的伤口，原来受伤不是什么大不了的事。在那之后，我从只会以轻蔑的眼神看别人的伤口的人，慢慢变成了能温柔地治愈别人的人。

因此，在一生之中，如果我们能遇到如此善良的人——或是初次见面，或是故人相逢——我们的人生便会发生改变。或许迄今为止大家已遇到过这样的人，我希望大家今后还能遇到这样的人。无论是已经遇到还是今后会遇到，人都是在被爱后才懂得如何爱别人的。如果在某个地方有谁爱谁，便会出现被爱的人（loved one）。接着，让人觉得非常不可思议的是，被爱的人便会变成可爱的人。而且，他还变成了能爱别人的人。迄今为止觉得社会的色调又冷又暗的人，在这之后便会变成将社会视为温暖的玫瑰色调的人。可爱的人还能变成懂得爱别人、微笑待人的人。如此一来，他的爱不但不会干涸或越使用越少，还会催生出别人的爱。到最后，世界便会充满爱。

我觉得爱是人生重要的主题。因为大家都还年轻，所以现在的你们特别容易被爱吸引。和年轻时的我相比，我现在对爱的看法已发生质的变化。然而，人不可放弃一生之中都需要的爱。在现在的我看来，爱什么、如何爱，是人在死之前永恒的课题。爱某个人，是年轻时的爱，这种爱往往伴随着嫉妒和猜疑。随着年龄的增长，这种爱会渐渐变成与想独占对方的爱不同的爱。待爱发生这种变化后，你会用温柔的眼神看世间的一切，会重视每件事，并将爱倾注在它们身上。另外，正如刚才所言，只会爱人见人爱的东西的自己，会一点一点地——或许可以说成是从榻榻米的一个网眼到另一个网眼的微小变化——变成即使是从被认为不值得爱的东西中也能找出优点的人，而且这种寻找优点的能力会变得越来越强。

在这个世界上，人是唯一的高级动物。而且，既有常常做坏事的人，也有常常做好事的人。虽然人们都是把经常做好事的人称为好人，把经常做坏事的人称为坏人，但世上或许既没有坏人，也没有好人，有的只是人。因为我觉得，被称为好人的人也有因鬼迷心窍而做出让人大吃一惊的坏事的时候，而臭名昭著的坏人像佛祖一样做好事的可能性也非常高。因此，我不想把社会分为白和黑，把人分为好人和坏人，也不想把学生分为好学生和坏学生。

在幼儿园中也有经常做坏事的孩子。有一个孩子，无论我什么时候看他，他都是在做坏事。有一次，我边心想"又做坏事了"，边用可怕的眼神瞪他，结果他拿着一朵漂亮的花向我走来，嘴中还叫着"园长老师"。当时我羞得想找条地缝钻进去。所以说，孩子们教给我很多东西。我总是想当然地认为"这个孩子不做好事""只要那个孩子动弹一下，肯定会发生一起坏事""那个孩子只要去对面，肯定有人被他弄哭"。当我看到我印象中的坏孩子正在给另一个孩子受伤的手包扎或做其他好事时，我觉得十分惭愧。这种让我心生惭愧的现象不仅曾出现在孩子身上，还曾出现在大学生身上。其实，我也有怒气冲冲的时候。虽然很少在人们面前显露出生气的表情，但在我忙得要死的时候，如果有学生敲门，我便会用生气的语气问他"什么事"。如果这时这位被我怒斥的学生拿出一束花和我说"我看您很累，请收下"，我便会羞得想找条地缝钻进去。我真的有这样的经历。那个时候，我会想，我是一个内心多么丑陋的人。但是，我觉得自己还不是一个真正无药可救的人。也正是得益于这个想法，我才没有陷入自我否定之中。

第六讲

人的尊贵

（一）不灭的灵魂

我认为，人具有思考的力量和爱的力量，是人有尊严的根据。无论这是不是进化的结果，人都确实拥有其他动物没有的抽象思考力，和只有人才有的并非出于本能的爱的能力。我这么想，不是因为人具有制造电脑、机器人等东西的能力，而是基于"存在的意义"和"人格"这两点。重度智障的人、患有阿尔茨海默病的老人、酒精中毒或药物中毒的人，看似没有思考能力，行动起来甚至还不如其他动物，但是，这两种能力是人原本就拥有的。如果没有毛病，他们一定具备抽象思考的能力和爱别人的能力。他们仅仅是因为某些因素而无法让这两种能力工作而已。因此，他们依然拥有作为同时具备精神和肉体的人的尊严。

布莱士·帕斯卡（Blaise Pascal）是17世纪的法国哲学家、数学家、物理学家。他在《思想录》一书中将人比喻成"会思考的芦苇"。芦苇是一种非常脆弱、一碰就会断的草。

人不过是一株芦苇，是自然界中最脆弱的东西。可是，人是会思考的芦苇。要想压倒人，世间万物并不需要武装起来。一缕气，一滴水，都能置人于死地。

这段话的意思是，要想压倒人，并不需要世间万物穿上盔甲，拿着枪和核武器。水蒸气、毒气，甚至一滴水都能置人于死地。这说得很对，因为一滴氰化钾就可以杀死一个人。

接着,帕斯卡这么写道:

> 但是,即便世间万物将人压倒了,人还是比世间万物要高出一筹。因为人知道自己会死,也知道世间万物在哪些方面胜过了自己,而世间万物对此却一无所知。所以,我们所有的尊严都在于思考。

人确实很脆弱,想杀死一个人,并不需要什么了不起的东西。但是,人比可以杀死人的强大的东西,比核弹头、枪弹、毒药等都要尊贵。因为,无论是手枪,还是毒药、核弹头,都不知自己在做什么。而人不仅知道自己会死,在核弹头等东西向自己袭来的时候,还知道它比自己强大。因此,"我们所有的尊严都在于思考"。如果大家放弃思考,那么即使被人说不如猫狗,也是没办法的事。想要有尊严地活着,就需要大家真正使用自己所具备的宝贵力量。从某种意义上可以说,以后或许会出现比人更聪明的狗、马或只要调教便能变得更聪明的猿猴、海豚。但是，人之所以尊贵，是因为人具有抽象地思考东西的能力。比如人可以抽象地思考勇气、谦逊、爱、自由、和平等东西。即使没有用手摸、用鼻子闻、用耳朵听，也能抽象地思考"自由"，思考"爱"，思考"和平"。这一点是其他动物无法做到的。可以说，这种抽象地思考东西的能力、逻辑力、推理力，是只有人才具有的特殊思考能力。

除此之外，人还具有爱的能力。虽然有时我们在动物的世界也可以看到父母保护孩子、将找到的食物喂给孩子吃的姿态，并因此感叹原来动物之间也有爱——有时我们甚至会感叹"连动物都有爱，现在的人是怎么了"，但是，象征人的尊严的爱，不是出于本能的爱，而是人格之爱。比如，特蕾莎修女所持有的爱便是人格之爱。特蕾莎修女一走到加尔各答的街上，就会将快要死的病人带回"临终之家"，为他们梳头发、清洗身体、提供医疗服务，直到他们死去。她做这种事不止做一回，而是日复一日、年复一年地做。虽然她从中得不到任何好处，但她高兴地做着。她脸上露出的高兴表情，完全不同于人在中大奖时露出的高兴表情。

美国首都华盛顿有一条名叫"波托马克"的河。约4年前，从国际机场起飞的一架飞机，因撞到波托马克河上的桥梁而坠落到河中。当时是2月，华盛顿的冬天十分寒冷。由于拼命求助的人的所处之地离机场很近，所以直升机很快就出动了。一到目的地的上空，直升机上的人就将很多救生圈陆续投到了河中。在这些东西被陆续投下后，一名男子将在他眼前漂浮的救生圈让给了身边的女子，当又一架直升机将救生圈投到他附近后，他又把救生圈让给了另一名女子，而他自己则沉入了河水。当时，报纸刊载了这些场景的照片。这位正当壮年的男子在连续两次将救命工具让给别人后慢慢死去。这是其他动物无法做到的事。我觉得，这才是能表现出人的真正尊严的"爱"。事后有人谈论说:"不可思议的是,大家搜遍了波托马克河,也没有找到这名男子的遗骸。"华盛顿圣三一学院的修女们和我说,因为不是海,所以即使是比波托马克河更大的河,也应该能找到遗骸,但就是没找到。

在我们平凡的生活中,我们或许用不着救人,但爱别人时把自己的得失置之度外,并不是小说里的内容,而是"身为人的证明"。在分子生物学已对人的尊严提出很大质疑之时,我们更应该证明自己。我觉得人有尊严并不是一个既定事实,我们在以后的生活中必须证明尊严的存在。要想说"人就是尊贵的存在",我们就必须成为配得上"尊严"二字的人。

有时我们可以用"灵魂"或"人心"来表示人所具备的思考的力量和爱的力量。虽然当我们说"心"时,有时指的是作为器官的心脏,但大多数场合都是指内心。在我们说他是一个内心温暖的人或他是一个内心冰冷的人时提到的"温暖""冰冷",并不是正跳动着的心脏的温度,而是指贯穿整个人格的灵魂的冷暖、内心的冷暖。我们在做X射线检查时,医生可以拍出心脏的图片,但拍不出"内心"的图片。

(二)人是否真的被尊重

毫无疑问,当"人的尊严"这个词组被我们所熟知后,我们便会提出"人是否真的被尊重"这个问题。这是一个可以和"买车、盖房、生孩子"放在同一水平思考的问题。当下这个时代,是一个发现孩子不是自己想要的性别或孩子有些畸形便会将他打掉的时代。

有一次,我参加了在比利时举办的会议。由于我必须坐下一班飞机回国,所以我就在比利时的机场等着。在我等待的期间,很多抱着或牵着狗的人从我眼前经过。当时,有位60岁上下的女士恰巧和我坐在同一排椅子上,她对着我叹息道:"唉,现在的年轻人都把狗当孩子养啊!"在那之后的两个月里,我看到了很多这样的年轻人。于是,我也产生了和她一样的看法。因为养孩子很麻烦、很辛苦，而狗既不用上学，也不会在家庭内部实施暴力，所以很多人都不生孩子，而选择养狗。我想，这种风潮或许在不久的将来也会在日本流行起来。在不生孩子的人之中，有人已为自己不生孩子找好了正当的理由：不久后可能会爆发战争，要是在危险的年代生孩子，那么孩子太可怜了。

每天看报纸，我都能看到这样的新闻：某人在偶然遇到的女性身上发泄性欲后，先将她勒死，再抛尸荒野。对于这样的人而言，别人仅仅是满足自己的性欲或金钱欲望、名誉欲望的对象。发泄完，他们或将其抛尸荒野，或将绑着混凝土的尸体扔入海中。他们完全不会考虑"人有尊严"这个问题。大家接受的都是偏差值[1]教育，在这种教育方针的影响下，大家都认为，人的价值由偏差值决定，是否有钱、是否会学习关系到一个人的受重视程度。我觉得，在大家都忘了

---

[1] 偏差值是日本人对于学生智能、学力的一项计算公式值。偏差值与个人分数无关，反映的是每个人在所有考生中的水准顺位。

人的真正价值的今天,让大家重新认识人的真正价值,显得非常重要。

(三)人的定位

简单地说,对于人而言,弄清楚自己的身份是件重要的事。为此,我们需要记住两点:第一,我们不可将人偶像化;第二,与第一点正好相反,不可像对待动物一样对待人。或许你们在自己的生活中也有视其为偶像的人。如果你们在偶像面前跪着说话,对他言听计从,为他奉献一切,因为他而失去了自我,我觉得他有必要弄清楚自己的身份。

关于"人的定位",还可以想到的是"我们不是上帝,总有犯错的时候,人与人之间必须互相宽恕"这一点。这也是我们经常忘记的一点。曾有人和我说:"我们有时会认为只有自己是圣人,而别人都是罪人。相反,当我们犯错时,我们会要求周围人都是圣人。"这两句话给我留下了深刻的印象。它的意思是:我犯错是没办法的事，而周围人绝不可以犯错；周围人应温柔地对我，对我笑脸相迎，不应该误解我。因为我是罪人，所以我误解别人是可以原谅的，但周围人误解我就不能原谅。其实，不论谁，都不是"上帝"。

我年轻的时候，母亲一生病，我就会非常生气。特别是在我十分忙碌的时候，如果母亲说"今天有点头疼，我先睡了"或"今天感冒了，我先休息了"，我就会发怒。现在想想，当时我之所以会生气，是因为我没有认识到"母亲和我一样是脆弱的人，她也有感冒头疼的时候"。那时候的我，有时会觉得，母亲就应该像永远结实的机器一样为我做饭、为我服务。而且，有时我还会这么想："自己可以脆弱，但别人必须永远强大，永远不会犯错，对我笑脸相迎。"但无论是多么优秀的人，都有犯错的时候，或因鬼迷心窍而做出让人惊讶的事的时候。我觉得，提前牢牢记住这一点，很重要。

在辞典上查找"human"这个单词，只要是大一点的英语辞典，一定会写上这句话："（与神、兽类有差异，）像人。"在英语中，表示"人"的词有很多。单纯表示雌雄性别的有"male""female"，而"man""woman"专指人的性别。此外，还有经常用到的超越性别的"person""human"，这两个词是男女皆适用的词。

在表示"不是神，又有别于其他一般动物的人"时，我们一般使用"human"这个词。我们必须知道，无论是表示人道主义的"humanism"，还是表示人道主义者的"humanist"，都含有"人是有弱点、可以被宽容的对象"和"人不仅可以和动物一样按照本能行动，还拥有理性和自由意志"这两层意思。

人道主义是文艺复兴期间（14～16世纪）西方国家宣扬的一种思想。因此，这种思想包含了前面两个时代的人类观。一个是古希腊罗马的人类观，另一个是在这之后的中世纪欧洲的人类观。在古希腊罗马时期，正如某位诡辩家所说的那样，很多古典作品都主张人是万物的尺度，认为人是这个世界上最优秀的物种。可以说，在那个时代，人的理性得到了大幅度的提升。而且，在人们讴歌理性及以理性为基础的人类自由的同时，拥有理性与自由意志的人必须对自己的行为负责的观点，也应时代的要求从人类观中脱胎出来。

在古希腊罗马时期之后，是一个基督教宣扬以上帝为中心的时代。他们将人和上帝做比较，强调人都具有罪性和不完全性等人性特点。可以说，在那个时代，他们强调的是与上帝相比之下的人的脆弱和力量的有限，他们要求人必须彼此宽容。后来，吸取了这两个时代的思想的文艺复兴时期的人道主义，便将"虽然与上帝相比，人的能力非常有限，但是人拥有动物所不拥有的理性和自由意志，并必须为自己的行为负责"这个人类观作为了基础。

一提到"人道主义"，大家便容易将它与"包容人性脆弱的温柔情怀"画上等号。报纸上常常将拥有温柔情怀的人称为人道主义者，将同情弱小当作美谈，认为这类行为是人道主义的体现。这绝不是一件坏事。如果我们追溯其成立的根源，就会发现，人道主义并不仅仅是同情主义、人情主义，它还明确希望人拥有强大的力量和不同于其他动物的尊严。

举个具体的例子：在预定3月毕业的学生中，有两名学生因没按时交毕业论文而无法出席将于3月10日举办的毕业典礼。她们修完了所有学分，学完了所有功课。而且我听说，这两个人都是十分优秀的学生。其中一位已经写好了毕业论文，但忘了上交——这也是人有弱点的体现。另一位则是因为忘了向教务上交毕业论文所需的其他东西。我们可以说教务处老师是如魔鬼般铁石心肠的人，但反过来思考，如果教务处老师是像佛祖一样的人，无论大家说什么都说"啊，好的"，即使迟到5分钟，也说"啊，没关系"，我想谁都不会按时交东西了吧！而且，我觉得这对尽最大努力按时交东西的人来说，是很不公平的。这就等于认为不把毕业论文当回事的人和她们一样优秀。从这种意义上来说，我必须站在教务处老师的立场上说话。总之，这两个人已无法参加毕业典礼。她们或许会延迟到3月末毕业。我觉得她们很可怜，但我希望大家思考这个问题：如果教务处老师说"人，谁没有忘事的时候呢？我也有忘事的时候，这次就网开一面吧"，这是真正的人道主义吗？

虽然我本人也想网开一面，但我觉得这未必是对她们的尊重。在我看来，正因为我尊重学生们，所以我才认为每一名学生都拥有按时交东西的能力。如果有人晚交了，她就必须为此负责。因为她也有不晚交的自由。这两个人既没有在4点前一直被锁在某处，也没有因突降大雪而遇到交通阻断的情况，她们完全可以思考"如果要求这个时间交，我什么时候去，时间上会宽裕一些"这个问题。我觉得会思考这个问题的人才是拥有理性和自由意志的人。认为她们拥有按时上交的能力，即意味着她们要为晚交负责。让我说

"看你们很可怜，我就宽恕你们吧"是一件容易的事。如果我这么说了，不仅对方会笑眯眯地和我说"谢谢您"，我也会因全体学生都能出席3月10日的毕业典礼而高兴。但是，这是一种将她们视为"没有思考能力和选择能力的人偶"的对待方式。我觉得说"啊，好吧，这是没有办法的事，谁都有忘事的时候，我就不追究了"，绝不是好心的表现。因为在接下来的人生之中，她们很可能因晚一秒而造成无法补救的损失。而且，我相信她们可以从这次经历中吸取教训并因此成为出色的人。

这是一个恰巧发生在毕业季的例子。我举这个例子是想说：教学生、指导学生时，遇事光同情未必对他们有利。让自己怀有一颗同情之心、温柔的心，很重要。但是，我们不可为了看到对方此刻的笑脸，而忘了更重要的事。在孩子的教育上也是如此。当孩子闹着要这个要那个的时候，如果你给他买，孩子就会露出开心的笑容。但是，我们不能因想看到孩子开心的表情，而夺走他在几度克制欲望后终于得到某样东西时才能感到的那种喜悦。凡是人都有优点和缺点，而且，人确实有容易疏忽大意这个缺点。当他人表现出这个缺点时，请不要过于责备他人，因为不知什么时候你也会犯疏忽大意的错误。但是，如果对对方所有的疏忽大意都持宽容态度，就等于将对方视为完全没有理性的婴儿。我觉得和对方说"因为你有充分的思考和选择的余地，所以请你对结果负责。与此同时，请你从中吸取教训，以后不要犯大错"，才是既温柔又严厉的处理方法。

我刚才说的都是一些和人道主义有关的内容。我们今后在宽容别人、同情别人的时候，不要忘了采取凡拥有理性和自由意志的人都会采取的严厉态度。就像宽容应是对人的成长有利的宽容一样，对别人的同情也不能仅仅是情感上的共鸣，还应使你的同情成为能引导出其内在惊人力量、促进其成长的同情。

第七讲

人格性的特征

我在这里讲人格性的特征,并不是"温柔""严厉""他是个懒人""他闪耀着人格的光芒"等意义上的特征,而是人格性本身具有的几个特征。

(一)独特性

每个人都是无可替代的。所谓世上没有两个相同的人,即世上没有人与别人拥有一样的想法和禀性。

关于人格性的独特性，马丁·布伯[1]曾说："来到世上的每个人都带着某些新东西而来，都是为了完成只有他才能完成的使命而活在世上。"随着生命科学的发展，用某个细胞制作出遗传物质相同的细胞的技术，正处于发展中。或许有一天，人们通过人工繁殖就能制造出拥有相同基因的细胞或个体。我觉得，到了那个时代，拥有"我是我——是这个世上独一无二的我，而你是你"的态度，很重要。

（二）一次性

人生无法重来

人格性是在我们无法重新再来的人生中被不断创造出来的。因此，我们应抱持"我们的人生是无法倒退、无法重新再来的人生"的想法过好每一天。

山本有三在《路旁之石》这部小说中，让吾一作

---

[1] 犹太人，哲学家、教育家、翻译家。

为主人公登场。吾一因不能上中学而失望,并企图卧轨自杀。由于火车及时停下,故事最终以吾一自杀未遂结束。后来,老师对垂头丧气的吾一说:"你想想自己叫什么名字。'吾一'二字是'唯我一个'的意思。世上只有一个的你,因为上不了中学就想死,不是太可惜了吗?"紧接着,老师说了以下这句话:

唯有一个的自己,又只有一次生命,要是不能很好地活着,人的出生还有什么意义呢?

我们在有些时候也应想想这句话。"唯有一个的自己"所表现的是人格性的独特性,而"只有一次生命"所表现的是人格性的一次性。如果我们没有让这样的自己很好地活着,生而为人不就没有意义了吗?

大家现在是很好地活着,还是无聊地活着呢?模仿别人而活,很无趣。总是在意某个人的看法并被他折腾得团团转的生活,也很无趣。因为微不足道的事闷闷不乐而虚度美好的一天的生活,也很无趣。我认为,所谓"很好地活着",并不一定指精力充沛地过每一天,或忙忙碌碌地过每一天。

昨天我因为感冒在床上从早躺到晚,我觉得自己浪费了一天时间。昨天是星期天,我原本打算写一篇一直没时间写的稿件,写一封必须要写的信,并整理整理东西。但是,由于昨天早上的身体处于还是躺着休息为好的状态,所以我睡了一整天。我想,在这种情况下,如果我再不赋予昨天以价值,就更为浪费。于是,我就把昨天视为为今天拥有活力做准备的一天。今天早上,我精力充沛地起床了。

我觉得,因为人这一生,无论你发不发牢骚,时间都会过去,所以努力活出自我很重要。在我们让自己活出自我的过程中,既有不用特别努力便能活好的时候,也有只有拼命努力才能让自己闪耀光芒的时候。因为人生无法重来,所以让自己不失败以及尽量不把时间浪费在无用之事上,也很重要。不过我觉得,在失败后,从失败中站起来并像重新来过一样生活,也非常重要。

曾有人对我说：

请以失败过一次后重新再来的姿态生活。

同一件事情不会发生两次

"一次性"这个词还含有"同一件事情不会发生两次"的意思。同一件事情不会发生两次的人生，与无法重新再来的人生相比，意思上稍稍有些差别。虽然相同的事情或许会发生多次，但完全一样的事情不会再次发生。我们既有因此感觉郁闷的时候，也有因此感到安慰的时候。感觉郁闷的时候，比如，你拥有很美好的回忆，想再一次体验那次经历，在同一个地方遇到同一个人，尽管安排和条件都与之前的几乎相同，但最终你失望而归了。一生之中，我们都会有感叹"要是珍惜最初的回忆就好了"的时候。请将它认为是理所当然的事吧！

我们之所以有时也能感到安慰，是因为虽然我们遇到了非常痛苦、非常苦恼的事情，但这种事情只会发生一次。在我们的一生之中，有些体验我们不想经历第二次，有些事情我们不想再做一次。虽然或许以后我们还会遇到让人讨厌的类似经历，但与之前完全一样的痛苦，我们不用再经历。如果大家能因此感到安慰，感到被拯救的喜悦，并涌现生活的勇气，那就太好了。

日本有位名叫宇野千代的作家。在她说过的话语中，时常藏有让人为之一惊的人生智慧。

在她与名叫北原武夫的作家一起生活时，当北原武夫和她说"我要去新女人的住所去"（简而言之，就是"我抛弃了你"）后，宇野千代说了这么一句话："或许我并不是很高兴，但我在这之前已把你的行李打包好了。"在这之后，她在书中写下这么两句话："我这个人，当遇到能将我打垮的事情时，便会拥有不被它打倒的智慧。这个智慧就是，在被打倒前，自己抢先一步战胜它。"我觉得这是一种很重要的人生智慧。她想说的是："因此低声哭泣、闷闷不乐，或生气，并不能改变什么，还不如自己抢先一步把对方的行李收拾好并快速送到他的住处。这样一来，自己就能渡过这个难关。"

宇野千代还说过这么一句富含人生智慧的话："值得感谢的事是人能够忘记的事。"有时候，我也真是这么想的。如果我们将一直记着的让我们非常痛苦的事视为值得感谢的事，我们就能将它忘了。我觉得，时间是一剂良药。有时，当我们感觉非常痛苦、痛苦得活不下去的时候，时间可以帮我们。

有人说："痛苦的时候，更应试着活下去。"我们不能因痛苦而选择一死了之，而应试着活下去。因为痛苦一定会在某个时候变淡，一定会跑到我们的身后去。就像没有夜晚就没有早晨、冬天之后必是春天一样，虽然痛苦的日子十分难熬，但在穿过痛苦的隧道后，我们一定能迎来光明的时刻。这种光明与进隧道前看到的光明不一样,是我们在跨过黑暗后才能看到的光明。在我们看到光明后,我们所经历的痛苦便会成为自己的成绩、历史,可以被写在人生的简历上。我一直认为,在人生的简历上,不仅有写职业经历的职历栏、写学习经历的学历栏,还有写痛苦经历的"苦历栏"。因此,大家在遇到痛苦的时候,可以这么想:"啊,我又增加了一项苦历,仅凭这项苦历,我便能成为经历丰富的人。"或许即使这么想,有些夜晚我们还是不吃安眠药就无法入眠,但我们还有时间这剂良药。

以下这段话出自维克多·弗兰克尔之笔:

> 即使是一支即将燃尽的火把,它也有它存在的意义,因为它曾经闪耀过光芒。而一支永远不会燃烧的火把,却没有任何意义。想要闪耀光芒,必须忍受燃烧这个过程。

我们都是火把,如果没有让自己绽放光芒就结束一生,我们的存在便没有任何意义。虽然结束了一生,即意味着火把燃尽了,但只要曾经绽放过光芒,即使燃尽了,也依然有意义。不过,凡是闪耀光芒的东西都必须忍受燃烧带来的痛苦和艰辛。我觉得弗兰克尔的这段话和山本有三的"人只有一次生命,要是不能很好地活着,人的出生还有什么意义呢",说的是一个意思。

(三)连续性

我们在连续积累仅限一次的经验、经历仅限一次的事情后,便形成了今天的自己。我们所经历的事情,真的是仅限一次。我们既无法重新做,也无法第二次遇到同一件事情。但是,正是这些累积成一串的仅限一次的事情,让我们逐渐形成了无可替代、有异于他人的人格性。这也就意味着,"此刻"这个瞬间是在此刻之前的"我"的历史的集大成,此刻如何活着将决定下个瞬间的自己。因为人生是由点连成的一条线,此刻并不是单独存在的,而是既连接着过去,又连接着未来。

在我们的生活中,肯定存在"只要不做它,我便不是今天的我"的事情。有时想想,我们可能会觉得不可思议,但此刻的"我",确实是此刻之前的各个瞬间积累的结果。而此刻如何活着,又为下个瞬间打好了基础。因此,活好此刻这个瞬间,才是重要的事。笹泽左保有一篇题为《如果那个时候》的有趣小短文。以下是这篇小短文的全部内容:

> 妻子死了。她是在去家附近的玩具店买怪兽塑料模型的途中,因被卡车撞上而当场死亡的。处于悲痛之中的丈夫开始仔细思考妻子死亡的原因。他想,如果那个时候,妻子没有出去买塑料模型,她就不会遭遇事故;如果那个时候,孩子没有缠着妻子说马上要塑料模型,妻子一定不会在那个时间出门;如果那个时候,孩子没有在电视上看怪兽电影,

他就不会突然想要一个怪兽的塑料模型；如果那个时候，孩子没在家，孩子就不会在电视上看怪兽电影；如果那个时候，自己按约定带孩子去游乐园的游泳馆，孩子就不会在家；如果那个时候，自己没有给朋友打电话，就不会被邀去打麻将，就能按约定带孩子去游乐园的游泳馆；如果那个时候，没有接到打错的电话，自己就一定不会萌生给朋友打电话的想法；如果那个时候，自己没有在家，就不会接到打错的电话；如果那个时候，自己好好在公司上班，就不会待在家中。想到这时，丈夫停止了思考。因为他已意识到，是自己偷懒不去上班，才把妻子逼死的。

那一天，丈夫没去上班。因为他在家待着，所以在孩子的央求下，他同意带孩子去游乐园。这时，电话铃声响了，拿起话筒一听，原来是打错的电话。于是，他萌生了给朋友打电话、寻找离开家的借口的想法。后来，丈夫因被朋友邀去打麻将，就取消了带孩子去游乐园的约定。因此，孩子只好在家看电视，而他在看电视时正好看到偶尔才会播的怪兽电影。看完后，孩子就央求妈妈给他买怪兽的塑料模型。而妻子在去买塑料模型的途中，就被卡车撞死了。妻子死后，丈夫就开始想，或许就是因为自己没上班，才把妻子逼死了。于是，丈夫写下了从妻子死亡这个时间点往前追溯的《如果那个时候》。其实，我们在每天的生活中，都会有"如果那个时候不……就……"的经历，而且这些经历与今天我们能在这里待着不无关系。

我有时会想，如果那个时候，我没有遇到某个人，我的生活就不会出现这些变化。或许我已变成与现在的我完全不同的人，或许我已拥有多个孙子，正在冈山以外的地方生活。人的一生真的非常不可思议。

就像刚才介绍的这篇短文所描述的一样，一件事会引起下一件事，下一件事会再引起下一件事，并最终引起连锁反应。因为无论做什么都会引起连锁反应，所以我们有时会想"如果那个时候没做那件事就好了"。如果那个时候没做那件事，今天的我就不会变成这样；如果那个时候没有遇到那个人，今天的我就不会处于这个状态；如果那个时候爸爸没有死，我就……虽然我们可以用"如果那个时候"说很多后悔的话，但我们应记住，事到如今，说这些已经来不及。对于我们而言，理解今天的自己由过去这些经历积累而成，知道此刻的"我"的状态会影响今后的"我"，才是重要的事。"念"这个字由"今"和"心"两个字组成。或许"心中念想，花就开放"的意思就是，当我们重视今之心，珍惜活着的每一瞬间时，道路就会不断地展开。

有人在今年年初和我说："今年这一年，也以蒙受一切恩惠的心情生活吧！""蒙受恩惠"这个词，真是一个很重要的词。当告诉别人自己在某地工作时，有的人会说"我在某某地方工作了"，而有的人会说"蒙受恩惠，我在某某地方工作了"。这看似只是说话是否礼貌的区别，其实说话人的心境也存在很大的不同。

这可以说是"我工作了"的心境与"我因得到恩惠而有了工作"的心境的区别，以及觉得"今天又过了一天"的人与觉得"今天又承蒙恩惠过了一天"的人的区别。

我现在正以蒙受感冒的恩惠的心情在生活。我总想着要是感冒快点好就好了。但我现在必须在感冒的状态下生活。我以蒙受恩惠的心情对待一切事情、一切我意外遇到的事情，即意味着我承认在我一环扣一环的生活中，这些事不都是由我一人完成的。或许"蒙受恩惠"这个词可以让人想到"自己是承蒙社会巨大力量的推动生活至今的"这一点。在一环扣一环的生活中，我们应记住，此刻这个瞬间是连接着过去和未来的，我们必须珍惜此刻这个瞬间。

（四）有限性

有限性的意思是，我们称之为"人格性"的这个东西，在各种条件下才能逐渐形成。换言之，人格性是在很多限定条件下逐渐形成的。

各种条件

我们必须在各种自己无法决定的条件下形成自己的人格。比如：我不是男孩，而是女孩；我不是美国人，而是日本人；我不是出生在江户时代，而是生于20世纪末；我的父母不是那样的人，而是这样的人；我不是5个孩子中的其中一个，而是独生子女；或者，我不是长女，而是家中最小的孩子；我没有哥哥弟弟，是在姐姐妹妹的包围下长大的；等等。

此外，还有别的条件。比如：我是在这所大学上学，而不是其他大学；我现在生活在冈山，而不是广岛；等等。虽然大家结婚后会过上什么样的生活，现在还无法知道，但肯定也会面临诸多条件，或许你会因和一个常常调动工作的人结婚而必须让自己变得强大，或许你会生下一个对你而言是痛苦的种子的身体残疾的孩子或智力有障碍的孩子，或许你的家中会出现意想不到的病人。人格性正是在这些条件下逐渐形成的。

我们经常会想，要是如何如何，该有多好。比如：

要是没有这个病人，我就能更加自由，就能发挥自己的才能；要是上司换一个人，我就能更积极地工作。如果静下心来好好思考，我们的心中便会产生很多类似的想法——"要是……"，即英语中的"if only"。我想，边想着"要是没有长卧不起的老人，该有多好"边照顾卧床老人的人，应该有很多。其实，这一个月来，我也是抱着"要是没有感冒，该有多好"的心情在生活。

如果你偏要改变无法改变的条件，你就会因受挫而痛苦、焦急，就会把气撒到别人身上，并整天以一副郁闷的样子生活。这样生活下去，是在浪费生命。相反，如果不但不去改变能改变的条件，还边发牢骚边生活，这样的人生也很无趣。

既然我们是在各种条件下生活，我们就能想到下述这种情况。用10除以10，结果是1。人格性高度为10的人在10个条件下生活，即拥有1价值，那么如果我只拥有5个条件，而我的人格性高度是8，价值即为1.6。纵观整个社会，无论怎么和人格性高度为

10 的人比，人格性高度为 8 的我，都显得不起眼。而且，与拥有 10 个条件的人相比，只拥有 5 个条件的我显得很凄惨。虽然可以这么说，但是在我们人生的终点，接纳我们的人看的是最后除完的价值。

因此，拼命生活、努力做事，非常重要。在生活中尽量控制自己的情绪，但偶尔会爆发出怒气的天生易怒之人，与天生温和的人，在他们结束一生的时候，上帝会觉得谁更值得尊敬，我们无从知晓。在仔细分析后，我们或许会说，易怒之人的人生是充满怒气的人生，而天生温和的人是一个十分恬静、优秀的人。但有人会觉得，努力压制自己的怒气结束一生的人，比没有努力就平稳地过完一生的人，拥有更高的价值。我觉得我们应相信这一点。而这也要求我们以不讨厌并珍惜自己与生俱来的性格的姿态，边爱自己边生活。

"死"这个条件

"死"是众多条件中的一大条件。这也意味着，我们必须在有限的年数中形成人格性。换言之，因为我们无法永远活着，形成人格性的可能性并非无限，所以人格性的形成必须在死之前进行。在去年毕业的学生中，有一名3月份刚毕业，6月就因病去世的学生。在她毕业的时候，她一定做梦都想不到自己会在3个月后死去吧！在我身边，也有一个刚过世的人。才63岁的她，12月1日，因脑梗死倒下，1月15日离世。因此，死看似离我们很远，其实很近。在这种意义上，总是能边适度留意死亡的存在边生活，是一件很不错的事。如果我们都养成"无论什么时候死都可以"的生活态度，那是再好不过的事。但是，人都有脆弱的一面，总是觉得自己离死还很远，总是认为既然昨天和今天能活得好好的，明天也能活得好好的。对我们而言，以将死放在眼前的方式生活，换言之，边提醒自己人生有限边生活，是一件重要的事。

在我们的生活中，一些事情的出现，能促使我们排好生活中的优先次序。比如，考试临近的时候，生活中的优先次序就会发生改变,在这之前把大量时间花在看电视、聊天、看电影的人,也要把备考放在优先的位置。而且,某件事情的出现,也能改变我们对事物或事情的重视程度。比如,当船因遭遇事故而沉没的时候,可以让我们依靠的木板,就会变得比宝石更重要。原本宝石和木板之间存在很大的价值差异,但对于即将沉入海中的人而言,木板比宝石更有价值。考试前,学习应排在玩耍之前。考试结束后,或许就会变成相反的状态。

同样,当死亡阻止我们继续前进的时候,我们便会在心中排好在死之前我们必须要做的事情的优先次序。在这之前,我们往往会忘了死亡的存在,每天稀里糊涂地过。如果当我们被告知只剩下一个月的生命时,这最后一个月,我们会怎么过?如果有人说"让我活到现在,我很感激",那他肯定是一个非常不错的人。原本在我们每天的生活中,即使有这种想把一切浓缩到一个月中的紧迫感,我们也是持无所谓的态度。

因为我们不知道死亡何时会来。如果我们总是保持"或许今天是最后一天"或"或许明天是最后一天"的紧张感，身体会吃不消。但这要看我们怎么想了，如果我们对不知何时会来的死亡毫无准备，或许我们就会浑浑噩噩地过每一天。偶尔想想死亡，也是一件重要的事。

我认为对于人而言，接受限制条件，是很重要的生活态度。接受限制，能让我们选出应放在优先位置的东西。一直认为接受限制即意味着不自由的人，请稍稍改变你的想法，用心发现限制条件能给你带来的好处。我认为，认识到"无论我们愿意与否，死亡都要求我们做事时遵从优先次序"这一点，十分重要。

无论是就业还是结婚，都是我们人生中的重要节点。生孩子也是。我认为，在结婚前，"我"想做这件事，想存这点钱，想去哪儿旅游——因为结婚后就不自由了，是结婚这个限制条件促使我们做出的优先选择。生孩子也是一大值得感谢的限制条件。因为很多人都会想:"有孩子后就不能做这件事了,就趁现在做吧!"大家应在生活的不同阶段拥有类似这种想法。这绝不是一种受束缚于限制条件的想法,而是一种会让你的生活因限制条件的存在而变得多姿多彩的想法。这些限制条件会告诉你,你的生活不能永远处于不紧不慢的状态,有些事有必要趁早做。

有人还曾教我一句与优先次序相关的话——"First things first"。我上大学时每天都出去做兼职,大学毕业后,我做兼职的工作单位录用了我。加上毕业前的工作时间,我在这个地方一共工作了7年。这份工作要求我会做很多事,比如用打字机写信、记账等。此外,我还要做类似于教务的工作——整理学生们的学分登记表,如果学生取得了学分,就把学分写上。所以,工作时的我真的非常忙。有一次,当我下意识地先做容易做的工作时,我那身为美国人的上司告诉我"First things first."——请先做必须做的事。他恳切地教导我:"如果有必须在中午前做完的工作,早晨来上班时,请先做它。因为如果等到11点才做,11点时不知会发生什么。"

在今后的生活中,也请在各种限制条件下培养自己的人格性。这关系到你如何接纳这些限制条件,是否拥有在这些限制条件中让自己先做应做之事的强大意志。

(五)中间性

上帝与其他动物的中间

接着,我要讲人格性的最后一个特征——"中间性"。这个"中间性"与以前我在讲人的定位时提到的"human"有很深的联系,它表示人是位于上帝和其他动物之间的存在。毫无疑问,大家的心中既有连自己都为之沉迷、觉得很不错的崇高想法,也有羞于告诉别人、不想被别人知道的卑劣、肮脏、可怕的想法。

我也是如此。有时，当我发现自己虽想着不断向上帝的方向靠近，却出于本能与自己的预想目标活得不一样时，我会纠正自己。

接下来读的这段文字是精神科医生维克多·弗兰克尔在维也纳的医学会上说的话。我也曾在维也纳听过弗兰克尔的演讲。在演讲结束后，当我和他聊天时，他当场画了自己的肖像画，并和我说"送给你"。弗兰克尔有些矮、有点胖，是一个十分直爽的人。与此同时，他还是一个十分温和的人——让人完全想不到，如此温和的他在集中营时竟然有过自杀的念头。弗兰克尔在医学会上这么说道：

人是什么？我们曾反复问自己这个问题。其实，所谓人，即不断坚持身为人的姿态的存在。

狗从出生到死都是狗。马、猫以及长颈鹿，也是如此。小草、大树，也是如此。它们无法靠自己的力量决定自己的生活，它们总是被动地活着。植物如果放在有阳光的地方就会快速成长。如果是一条野狗,就会过野狗的生活;如果是一条有主人宠爱的狗,就会过另一种生活。而人就不同了,人是能不断坚持身为人的姿态的存在,既能让自己接近上帝,也能让自己沦落为普通动物。

生活在紧张中

中间性的第二个表现,是人拥有生活在紧张中的姿态。这里说的紧张,不是学生被老师叫到办公室时感到的紧张,而是指人在两极之间被来回拉拽时的一种力量表现。首先,我们可以说人生活在肉体和精神互相斗争的紧张状态之中。比如有的时候心里想做,而身体却没跟上,或者有的时候身体就在那里,而心没跟上。这都是很正常的情况。因为我们既不是只拥有精神的存在,也不是只拥有肉体的存在,所以身体有时会朝着与心中所想相反的方向行动,也是理所当然的事。或许可以说,在这种紧张感中,该判断哪一方取胜,是我们每日纠结的问题。

此外,人在想独立的愿望与想依靠、想撒娇、想找关系等想依赖他人的愿望之间,也存在紧张感。日本《男女雇佣机会均等法》的实施,将促使女性变得越来越自立。但我在读科莱特·道林(Colette Dowling)的《灰姑娘情结》时发现,美国那些被称为职业女性的女强人,都想成为灰姑娘,都怀揣"希望优秀的王子出现后,娶自己为妻"的愿望。同样,孩子既想脱离父母,又想向父母撒娇,也是紧张感的一大体现。

还有,在想独处的愿望和想拥有连带感的愿望之间,也存在紧张感。虽然常常想保持与他人的连带感,但也想独自一人待着。人都有这样的中间性。此外,人还有"在某些方面想自由,在其他方面却想被束缚"这个显著的表现。不可思议的是,当被告知"你可以自由地做任何事情"时，我们反而会不安，想要一些束缚自己的框框。而一旦处于框框中，我们又会想要自由。当我们处于寝室生活这个框框中时，我们想出去租房子住。而当我们租房子住时，有时又会想念定时定点吃饭的生活。在上学期间，学校要求8点半到校。毕业前，大家都会想"要是没有这个规定，该有多好"，但一旦开始过上没有这种束缚的生活，大家又会觉得自己太过散漫。大家都会有类似这种感受。

紧张感存在于人的本性中，在我们感受紧张感的过程中，人格性便逐渐形成了。当我们既想自由又想被束缚时，既想和人保持连带关系又想独自待着时，既想独立又想依赖他人时，我们就需要让自己在其中保持平衡状态，思考并选择什么时候把重心放在哪一方面。而在我们思考、选择的过程中，我们每个人的人格性便会逐渐形成。

第八讲

精神洁净

（一）什么是精神洁净

所谓"精神洁净",即精神的健康度。我们的身体由肉体和精神两方面组成,既有身体感冒的时候,也有心灵感冒的时候。就像身体会得传染病一样,有时心灵也会染上传染病,或把传染病传染给别人。就像即使我们想让身体一直保持健康状态,身体依然会出问题一样,虽然我们想让我们的心灵、精神永远处于健康状态,但心灵依然有生病的时候。因此,当心灵患上小病的时候,我们不应慌乱失度,而应尽早调养、治疗。

精神上的疾病包括精神障碍、精神病、神经官能症等。所谓"精神障碍",即精神缺乏原动力。而"精神病"和"神经官能症",则可以认为是精神缺乏集中力。我们或多或少都有一些精神上的疾病。就像我们不能轻视感冒的人、腹痛的人、头痛的人或患内脏疾病的人、患癌症的人一样,我们也不可轻视精神上患感冒的人。因为原动力和集中力,谁都会多少欠缺一些。

我感冒已快两个月。这两个月里,我不仅只能做健康时能做工作的一半,而且意志也变得越来越薄弱。虽然现在我觉得自己还没患上神经官能症,但有时我会把所有注意力都放在"要是感冒一直不好该怎么办"这个问题上,并充满"只要感冒好了,我就……"的想法。我还曾胆怯地想:"感冒是不是不会好了?我是不是得感冒一辈子?"我觉得这便是我在身体感冒的同时精神也患上感冒的证明。

所谓精神洁净的人，即不缺乏上述这种原动力、集中力的人，即其人格性中拥有积极性、统一性、创造力、个性化倾向的人。这四个方面是一个人精神卫生状况良好的标志。

所谓缺乏积极性，即具有畏缩不前、什么也不做、害怕做任何事的消极倾向。而一个人具有积极性的表现是，他会抱着"做做看吧"的心态积极地去做任何事。这也是精神健康的一大表现。

接着说说言行的统一性。今天刚心情不错，明天就哭的人，或一天之中阴晴不定的人——即使我们天天和这样的人打交道，我们也弄不清楚他的情绪会在什么时候、什么地方发生什么样的变化，或总是改变自己说的话、说话不合逻辑的人，都是言行缺乏统一性的代表。

所谓创造力，既可以指创造出东西的生产力，也可以指当遇到困难时开拓出一条活路的能力，从新角度看同一个东西的能力。拥有这些能力，是精神健康的表现。我说的"创造力",绝不仅仅指"擅长画画""会设计原创物品"等方面的创造力,还包括从普通的东西中找出新东西的能力,或当遇到痛苦或不幸时将能量转移到其他事物上的能力。我认为,我们可以将创造力用在各种地方。或许大家也有这样的体会吧,当身体或精神处于良好状态时,什么困难都可以战胜,而当身体或精神的状态不好时,一点小事就可以难倒自己。我觉得能否战胜困难与精神卫生的健康度有很深的关系。

所谓个性化,即通过吸取各种各样的东西,打造自己的个性。换言之,有个性的人,都不是无脸人。有人用"无脸时代(faceless age)"这个有趣的词来形容现代。我想,从某种意义上说,一张脸即代表一个人及其个性。如果所有人的脸都消失了,这便意味着大家采用统一的想法、统一的生活方式,按照统一的方法让自己成功。而且,大家都追求统一的幸福。

如今，有脸的城市也变少了。日本所有城市都仿照东京而建，无论哪个城市，都有银座大街、赤坂、原宿或新宿的影子。无论去哪个城市，你都会发现其站前景观几乎和别的城市没有差别。虽然城市建得很摩登，但如果你想要看某片土地的真正面貌，你就必须去非常偏远的农村。如果农村还保留着它原本的面貌，我们应该为此感到高兴。其实，现在农村也像城市一样有弹珠游戏厅，有拉面馆。虽然有这些店并不是一件坏事，但这些店的存在也让我们深切感受到了"现代是一个无脸时代"这一点。无论去哪儿，我们都能看到一样的自动贩卖机。无论是在北海道看电视还是在冲绳看电视，我们都能在几乎相同的时间看到宣传同一商品的广告，都能听到"请买回家吧，没有它的家庭都是中流家庭"这句话。而这也就意味着，现代已没有个性这个东西。

只要看学生们的装束，就能明白这一年流行什么。虽然穿流行服装并不是什么坏事，但我们应穿与自己相称的衣服。即使你穿的是在巴黎、纽约十分流行的衣服——虽然在东京也能穿巴黎、纽约的流行服装是一件值得高兴的事——你也必须思考你的腿长、身高、脸型是否和这件衣服相配。如果你想穿一次看看，不妨穿穿看。如果穿上后你感觉不适合自己，下次可以选符合自己风格的衣服。

就像穿衣服应该穿出自己的风格一样，创造出一种适合自己的生活方式，很重要。在每天的生活中，让自己接受痛苦的方式、接受喜悦的方式、与人的说话方式逐渐个性化，即意味着让自己拥有健康的精神。如果我们总是随波逐流，只会模仿别人，等我们意识到的时候，我们已丧失了自我。如果这样，我们的处境会很糟糕。按自己的方式接受每一个东西、每一件事，创造出一个新的自己，才是个性化的过程。只有精神健康的人，才能完成这个过程。

（二）欲 求

谈到精神洁净，我想特别提两个词。一个是"欲求"，另一个是"防御机制"。欲求在英语中被称为"need"，其复数形式是"needs"。虽然在英语中与"needs"相近的还有"desire"这个词，但如果严格翻译的话，"desire"是"欲望"的意思。心理学中提到的"欲求""要求"，主要指人在无意识之下的想法。而"欲望"指的是人在有意识的状态之下的想法。在日语中，人们经常混用欲求和欲望，比如人们经常说"满足人的社会欲求"，就是错误的说法。欲望这个词，总的来说，一般都是在表示情欲，或在表示想取得某种地位、得到更多金钱、追求快乐时使用。当人们说"他是一个欲望很强的人""他是一个个性很强的人"时，不一定是夸奖的话。而欲求这个词，绝不是贬义词。它是人们必须具备的东西，是人们行动的原动力。或许我们可以说，正因为有欲求，我们才会行动。

定义与说明

欲求的定义是这样的：欲求指的是有机体的生理或心理在某种意义上处于不平衡的状态。

具体说来，人都有想从不平衡状态恢复到平衡状态的自然倾向，正因为处于不平衡的状态，我们才会行动起来，让自己恢复平衡的状态。因此，欲求是促使人行动的原动力。当人为恢复平衡状态而行动起来的时候，人们会用"动机（motive）"这个词代替"欲求"。

据说和过去相比，现在的孩子更容易扒窃。以前，孩子扒窃，大多是因为家里穷。比如当肚子饿的时候，如果看到食物，就会伸手偷。因此，人们很轻松就能发现他们的动机。但是，在当下这个人人都能在家吃饱的时代，家庭富裕的孩子也常常扒窃食物。那么，他们为什么会去扒窃呢？往深一步想，便可以得出这么一个结论：在这些孩子的心中有某种欲求没有得到满足，所以他们通过扒窃这种行为来满足未被满足的欲求。也就是说，他们有时会通过扒窃这种不恰当的行为来填补心理上的不平衡。

在当今日本，只要有钱，绝大部分欲望都能得到满足，绝大多数想要的东西都能买到。尽管如此，人的心底还是有很多用钱无法解决、没被满足、令他心理不平衡的欲求。我觉得，我们应将更多的注意力放在这些欲求上。

在生理上，我们都有自动保持体内平衡的倾向。当生理上处于不平衡的状态时，身体就会发出信号，比如想睡觉、想去洗手间、觉得冷或觉得热等。当身体按照这些信号的指示行动后，就能缓和自身的紧张状态。

同样，在心理上，在社会上，我们也有让自我保持稳定状态的欲求。因此，当自己处于不平衡的状态时，我们会做出设法回到平衡状态的举动。当自己非常不安的时候，我们会做出设法让自己安定下来的举动。有时，我们甚至会为了满足自己对爱的欲求而不择手段。

欲求不满

欲求不满分暂时欲求不满和长期欲求不满两种。最可怕的是后者。当你去的那家店已卖完你想吃的东西时，你感觉受挫，便是暂时欲求不满的体现。或当你非常想让妈妈给你买一件衣服，而妈妈却说不行时，你会很不满，这也是暂时欲求不满的体现。再比如当原本打算第二天和朋友们一起去旅行的你，因为妈妈卧床不起而不得不取消行程时，你拿妈妈撒气，这也是暂时欲求不满的体现。

所谓长期欲求不满，即欲求不满的状态是持续的。比如，无论你多么努力地工作，上司都不认可你的工作，好工作都给其他员工，不把你当回事，长期下来，你的心中便会积累怨气。或者你想出去工作，却因为家中有老人需要照顾而无法做自己想做的事，久而久之，你便会在心中积累各种不满情绪，抱怨"为什么兄弟姐妹不用照顾他，而我却必须照顾他"。或者当你的家庭生活不美满、夫妻生活不幸福时，你也会不断积累怨气。出现这种情况，很可怕。

今天妈妈不给你买的东西，或许过几天妈妈就会给你买。你今年不能去旅行，可来年还能去。但长期欲求不满完全不同于这种情况。在未来一片漆黑，你不知你的愿望什么时候能实现时，或当自己付出那么多，不断晋升的却是别人时，或当自己十分拼命地工作，却无人认可时，或只有自己被冷淡对待时，你很可能将不满爆发出来。而且，一旦爆发出来，就会很可怕。

比如，孩子因家庭氛围冷漠而爆发不满的时候，他们会以扒窃、骑摩托车飙车或吸食香蕉水[1]的方式折磨父母，而不会在表面上说自己对家庭氛围持有不满。或许这些孩子就想以极端的方式告诉父母"这是我的回击"。其实，孩子如此胡闹的根本原因，是他们有时候会感到无法言说的孤独。

我觉得，暂时欲求不满，我们偶尔可以拥有；但让孩子或他人处于长期欲求不满的状态，是一件危险的

---

1 一种由多种有机溶剂配制而成的液体，可以作为迷幻药或毒品。

事。如果自己处于长期欲求不满的状态，最好用比较恰当的、容易被社会接受的方法化解心中的不满。如果不这么做，你就可能成为欲求极度不满的人。而且，长期欲求不满的状态，会给你带来很多不利影响。

其中一个不利影响是，你会因只想着满足自己的欲求而无法看清现实。以下这句话是某个人送给我的话：

月亮没有歪，

是水歪了。

月亮正映在池塘的水面上。乍一看，月亮似乎歪了。再一看，原来不是月亮歪了，而是映着月亮的水面起了一层涟漪。如果我们的心中起了一层涟漪，月亮就不能如实映在我们的心中。也就是说，如果我们的内心处于欲求不满的状态，我们可能只会用歪曲的目光看一切事物。因此，有些时候，我们也必须问问自己有没有戴着有色眼镜看人，到底是别人的错还是自己的错。

人们常常说,应在工作以外的地方发展自己的爱好,应持有能填满自己内心的东西。这是因为,或许有一天你无法从工作中获得满足感,或许有一天你会为人际关系而苦恼,在这种时候,如果你持有能填满自己内心的东西,就能让自己获救。

在我认识的人中,有一个欲求极度不满的人。她的学习天赋十分优越,在我看来,她是一个受上天眷顾的人。虽然她应该没有什么不满,但我每次和她说话,她总是马上回一句"我不知道"。比如我和她说"今天啊,我们大学发生了这么一件事",她马上就说"我不知道"。在这种时候,说"啊,是吗,再讲讲"或"啊,是吗,够你们受的"等之类的话,才是正常人的反应,对吧?前几天,有个大一学生的妈妈因突发脑出血逝世。我认为,在我和一个人说"某某的妈妈因突发脑出血逝世了"之后,说"好可怜啊,她年轻吗""事先没有任何征兆吗"之类的话,并设身处地地为死者祈求冥福，才是精神健康之人的第一反应。但是，当我和她说"今天哪，大一学生某某的妈妈去世了"后，她的回答是"我不知道"。她之所以这么回答，可能是因为她对自己总是被放在角落里，总是被最后告知消息，一直心怀不满吧！

我觉得，如果当她说完"我不知道"后，我用"你不知道是正常的，你不可能知道哇"回击她，就显得我很冷淡。与其这么说，我还不如思考"她是一个欲求不满的人，如何做才能让她变成一个直率的人"这个问题。我是一名教育工作者，我必须温柔地对待孩子们。而且即使问她"你为什么总是以敌对的语气回答"，也解决不了问题。因为这么说并不能满足她的欲求。如果有人现在已成为欲求极度不满的人，请尽快让自己从欲求不满的状态中摆脱出来吧！如果你的朋友是欲求极度不满的人，请尽可能温柔地对待他。不要抓住他说的话不放，或指责他的行为，而要想想"他为什么会这样"。值得感恩的是，我没有被培养成欲求不满的人。如果父母已将你培养成听到他人的死讯后会感叹"啊，好可惜"的人，请感激你的父母。我觉得你也可以帮助没有接受过这种教育的人成为像你这样的人。如果一个人长期处于欲求不满的状态，他不仅会变得无法正视现实，还会被人讨厌，我想应该没有人愿意和欲求不满的人成为朋友吧！就像身体健康的人更容易交上朋友一样，精神健康的人也更受人喜欢，更容易被信任。虽然我们不应轻视生病的人，但就像身体感冒后就应尽早休养一样，心灵感冒后，我们也必须尽早治疗。

欲求不满并不是没有积极的作用。这是一个程度问题。如果欲求没有出现某种程度上的不满，人的挫折承受力就无法培养起来。挫折承受力在英语中被称为"frustration tolerance"。日语中也常常用"frustration"这个词来表示欲求不满或挫败感。而挫折承受力，即忍耐、容忍挫折的力量。"tolerance"并不仅仅指忍受，还含有接纳的意思。我觉得，挫折承受力或许也可以说成是内在紧张的持续力。简言之，就是忍受力。

挫折承受力，是我们必须具备的东西。希望以后大家在培养孩子的时候，也能有意识地培养孩子的挫折承受力。因为是否具备这种承受力与人的幸福息息相关。换言之，这是一种不让自己用不恰当的行为发泄不满，而是让自己等待的能力。当想要什么的时候，不是马上伸手要，而是等到能买时再买，就是这种能力的体现。或者，当想打人、伤人的时候，不采取不恰当的行为，而是让自己等待，也是这种能力的体现。在等待的期间，或许就能找到恰当的解决方法。或者在此期间，你还会后悔当初说了某句话，或庆幸当时没那么说——要是说了，现在的你或许就会处于苦恼、担心之中。可以说，如果我们想要幸福地生活，挫折承受力是必不可缺的东西。

因此，从这种意义上可以说，我们需要拥有适度的欲求不满。

欲求阶段

人有各种各样的欲求。亚伯拉罕·马斯洛（Abraham H. Maslow）把人的欲求描述成分七个层次的金字塔。在说七大欲求前，我先说一下原则。这些原则都以欲求从低层次向高层次递进为前提。

原则一，低层次的欲求先出现。

原则二，由于低层次的欲求比高层次的欲求更强，所以只要低层次的欲求没有满足，高层次的欲求就不会出现。

原则三，当低层次的欲求得到满足后，人不会继续追求低层次的东西。这时，高层次的欲求自然会出现。

原则四，也有例外情况。换言之，也有高层次欲求出现在低层次欲求未被满足之时的情况。

最低的欲求是生理欲求。生理欲求的下一个欲求是安全欲求。再接着便是爱与归属的欲求。爱与归属的欲求的下一个欲求是尊重欲求——无论是谁，都不想被人看低，被人忽视，所以我们都有想让别人认可自己的尊重欲求。最高的欲求是自我实现欲求。自我实现欲求，是一种想做自己、彻底发挥自己的力量的欲求。

生理欲求——生理欲求是人最低层次的欲求，也是最强烈的欲求。因此，只要生理欲求未得到满足，比它更高的欲求就不会出现。比如，当肚子非常饿的时候、口渴的时候、犯困的时候，或感觉冷的时候、想去洗手间的时候，在身体恢复到平衡状态之前，我们无法安定下来，也无法思考更高层次的欲求。

举个例子，如果让一个饥饿的人听贝多芬的音乐，他肯定无法让自己处于欣赏音乐的状态。如果让学生在寒风凛冽的环境中上课，估计学生的一半注意力都会放在天很冷这件事上。因此，可以说改善物理环境的第一个目的就是让我们能追求更高层次的欲求。当某方面的欲求得不到满足的时候，人就会形成过度执着的人格性。比如，如果吃饭的欲求得不到满足，人就会过度贪恋食物。弗洛伊德曾将排泄和欲求联系在一起，他认为如果在孩子小时候，大人没有很好地训练他上厕所，孩子长大后就会成为拘泥于金钱等东西的人。弗洛伊德的这种说法告诉我们，满足基础的生理欲求是一件重要的事。

安全欲求——比生理欲求层次更高的欲求是安全欲求。比如，在我们知道5分钟后会爆发大地震后，不仅我无法安心上课，学生也无法安心听讲。如果天花板有裂缝，总是嘎吱嘎吱地响，我们也会感到不安。如果你在遭遇劫机后，在狭小的机舱内，有人把手枪对准了你，即使当时你和恋人相邻而坐，你也会害怕地握紧拳头。因为在危险面前，保护自己的本能比爱情发挥了更强的作用。因此，想要向更高层次的欲求迈进，拥有更高层次的生活，我们就必须拥有稳定的经济、稳定的心理、稳定的社会以及稳定的物理环境。

晚年的生活保障是人们非常关心的一件事。我看过很多老年夫妇将它看得比爱情重要。只考虑晚年生活，只想安稳度过晚年的人，与不担心自己的晚年，认为只要现在自己拼命为人效力就肯定有人会照顾自己的晚年生活的人（当然，在不担心自己的晚年的人中，也有因有足够的钱而不担心的人），拥有不同的人格性。前几天，我收到了一位毕业生的来信。她是一个已结婚育子，拥有强大内心的人。她在信中这么写道：

> 成长的环境、教育程度、家庭经济等，确实可以改变一个人的性格。我觉得孩子不可在过于贫穷的环境中培育。因为贫穷的环境会影响孩子的一生。对于普通人而言，内心是否丰富多少会受到物质的影响。

她是一个精神上很强大的人，现在已结婚育子了，依然在她所在的地区当领导。已将孩子培养成大学生的她在信中想说的是，培养孩子需要一定的经济实力和受教育程度，如果不具备这些条件，就无法好好培养孩子。因为我在进入修道院前也曾因经济不宽裕而吃过各种苦，所以我对此深有体会。我并不认为人只要精神强大，就能克服世界上的任何困难。马斯洛将安全欲求放在生理欲求之后，也是想表达"人必须拥有一定程度的安稳感"这一点。处于幼儿期的孩子，尤其需要安稳感。据说小时候因缺少妈妈的照料而怀有不安感的孩子，长大后就会缺少信赖感。我们应该意识到，总是怀疑他人的人、总是怀有相当程度的不安感的人，都是小时候安全欲求没得到满足的人。可以说，在没必要担心的事情上感到不安的人、只会将他人视为威胁自己的存在的人，都还处于追求安全感的欲求阶段。

刚才我说，吃不饱饭的人，会过度贪恋食物。从某种意义上说，我们这一代人，是贪恋食物的一代人。我年轻的时候，每天都吃不饱。人们常说，现在吃车站里卖的盒饭还细心地把粘在盖子上的饭粒吃完的人，就是在昭和元年至昭和九年[1]出生的人。我们这一代人之所以这么珍惜食物，是因为我们成长于吃完这顿就

---

[1] 即1926年12月25日—1934年12月31日，这个时期的日本正陷入经济危机之中。

不知何时能吃下顿的时代。就像因饥饿而长期欲求不满的人往往会贪恋食物一样,过分担心自身安全的人,往往是其安全欲求曾经未被满足的人。就像原则3说的那样,当安全欲求得到满足后,人自然就会进入追求归属与爱的阶段。

爱与归属的欲求——很多人都认为结婚的时候经济上必须稳定。虽然也有人说只要有爱情,即使没有工作也无所谓,但想要让婚姻生活平稳进行下去,就必须在满足爱与归属的欲求之前,先满足安全欲求。有住房,有固定的职业,不为吃饭犯愁,是培育爱情的重要基础。

我们常常会想,只要有爱,就能克服一切问题。虽然在某个时期我们可以这么想,但一旦过了这个时期,大家就应想想马斯洛的欲求层次理论,应冷静地思考是不是只要有爱,人就能生活下去,是不是一年三百六十五天以及长达数十年的时间里,我们都不需要一定程度的安全感。

如今，跨国结婚的人增加了不少。在我教过的毕业生中，也有跨国结婚的人。她曾问我怎么看跨国婚姻。她说"只要有爱情，和哪国的人结婚都不要紧"。在她看来，日本人和日本人结婚，未必就能幸福地生活在一起，而日本人和外国人结婚，未必不幸福。我的回答是，在跨国结婚前，必须具体考虑自己是否能克服文化差异、爆发战争时产生的不安全感。因为"只要有爱情就可以战胜一切"这种说法，未必能在现实中站住脚。爱与归属的欲求的英文说法是"love and sense of belongingness"。当安全欲求得到满足后，想要归属于某处的欲望就会涌现。在这之后，想爱与被爱的欲望也会随之涌现。

你们这一代人可能不知道之前报纸上报道过这么一则新闻：战争结束后，有两个日本兵以为战争还会继续，就一直隐居在南方的小岛上，隐居了近三十年才出来。他们在隐居期间，吃草根、蜥蜴、树上的果实。他们把食物放在了第一位。一开始，他们误认为日本和美国一直在打仗，后来，在明白自己不想被敌兵袭击、杀害的安全欲求可以得到满足后，即明白即使出来也无性命之忧后，他们才出来。

无论是小野田还是横井，出来之后都是先找工作，再安家。这就是他们想满足安全欲求的体现。因为他们身处富裕的日本，所以食物不是问题。等安定下来后，他们都结婚了。可以说，这时的他们已迈向更高层次的欲求。在结婚之后，横井参加参议院议员竞选，但最终落选了。从中可以看出，结婚后的横井想得到名誉。落选后，横井开始写书。小野田则移居巴西，在那儿开创了一番事业。

在爱与归属的欲求得到满足后，在他们的心底涌现的是想得到世人的认可、想让自己成为出色的人的欲求。这两个人与逐渐长大成人的孩子不一样，他们是在成人之后，因遇到特殊状况而如同印证马斯洛的欲求层次理论般，一步步地从最低层次的欲求迈向最高层次的欲求的。换言之，他们逐步实现了他们在隐居期间连想都不敢想的事。在他们隐居在自己挖的洞穴中的时候，他们只会思考食物和安全问题。或许那时的他们也会感觉孤单，但是，吃饱、保证人身安全，才是当时的他们必须解决的问题。

爱与归属，是我们所有人都在追求的东西。现在，大家的生理需求已得到满足。而且，你们有家，有一些零花钱，上学后也有学习的地方，所以可以说安全欲求也已得到某种程度的满足。我想现在大家应该处于想交朋友、想进俱乐部的阶段吧！若要问当人缺少爱的时候会形成什么样的人格性，答案是：会陷入不断寻求爱的慢性饥饿的状态中。而且，即使他表面上没有表现出来，他的心底也会涌现想被爱、想被照顾的欲求，他也会不断寻找爱。不仅如此，他还无法忍受缺乏爱的生活。这种人忍受孤独的能力也很弱。此外，大部分缺少爱的人都拥有一个显著的特点：想完全拥有对方，不允许对方独立生活。爱的欲求已得到满足的人，都允许自己爱的人独立，但当爱的欲求未得到满足的时候，人就会产生完全拥有对方的想法，或让自己从属于对方，对对方唯命是从。换言之，我们可以说，对缺少爱的人而言，边保持自主性边爱人是一件困难的事。因此，爱与归属的欲求是否得到满足对于人格性的发展来说，非常重要。

人在幼儿期是否能得到父母的爱非常关键。幼儿期没得到父母的爱的人，如果在自己的一生之中能遇到不是出于利益爱自己，而是真正爱自己的人，便能战胜在幼儿期产生的对爱的饥饿感。因此，我觉得爱学生既是老师的一大责任，也是老师的荣幸。当老师真正爱学生们的时候，学生们对爱的欲求就能得到满足，就能从爱的欲求迈向更高层次的欲求。

尊重欲求——下个层次是尊重欲求。自我尊重对应的英语是"self-esteem"。尊重欲求，是一种想认识自己的价值、获得他人的评价的欲求。被别人忽视、轻视、遗忘，是一件痛苦的事。当有人给众人分东西的时候，第一个递给你和最后一个递给你，你的感受是不同的。如果最后一个递给你,你可能就会悲伤地想"啊,我又被人小瞧了"或"某某比我更受欢迎"。当归属的欲求得到满足后,人的心底往往会涌现归属于具有更高社会地位的团体的欲求。这种欲求是一种想通过拥有更好的车、房子以及更高的地位提升自我价值的尊重欲求。

当这种欲求不能得到充分满足时,人就会走向两个极端。其中一个极端是爱表现自己。在没有人认可自己的时候,有些人就想让自己引人注目,或到处说"我很了不起",或用身体表现自己的与众不同,甚至以排挤他人的方式炫耀自己的存在,或向别人炫耀自己的功绩。我觉得,有很强的自我表现欲的人都是一直认为自己没被认可的人。

另一个极端是怀有自卑感。所谓自卑,即把自己贬低到原本没那么低的程度。以前上课的时候,我提到过"谦逊"。谦逊完全不同于自卑。或许可以说,谦逊和自卑完全相反。谦逊是真理,是如实认识自己的表现，而自卑则是故意降低自己所保持的水准的表现。要说为什么要故意降低自己的水准，我认为有两个动机。

其中一个动机，是想通过故意贬低自己让别人抬高自己。你一说"我不行"，对方就会说"怎么可能"。因为想听到这种话，所以故意贬低自己。

另一种动机，是不想受伤。持有这种动机的人认为，主动贬低自己后，就不用体会被人贬低的痛苦。因为人都想努力保护自己，所以有时就会以"枪打出头鸟"这句谚语为警戒，产生"自己不出风头，就不会被打"的懦弱想法。因此，从这种意义上，可以说自卑就是傲慢的表现。"明明可以在被打后承认自己存在某些问题，但自己不想承认。因为不想受伤，所以先主动贬低自己。如此一来，别人就无法贬低自己"，有时，这种心理机制会在我们身上产生作用。而这也说明我们没有很好地认识自己的价值、自己对自己的评价。

从这种意义上也可以说,好好表扬孩子,人与人之间互相认可彼此,很重要。我们都不爱表扬人。虽然我也经常反省这一点,但当我觉得可以表扬一两句的时候,总会产生"如果表扬了对方,自己就吃亏或不如人"的想法。而如果没表扬就离开,有时又会觉得非常过意不去。

冲人发火是很容易的事,而表扬人却很难。其实,即使是恭维的话,我们听到的时候,也会很开心。因此,我们应尽量对朋友多说一些表扬他的话,当我们说完,对方的心底可能就会涌现生活的勇气。而且,这可能是让对方的尊重欲求得到满足的一个小小的契机。

自我实现的欲求——当以上四大欲求得到满足后,人就会在自我实现的欲求的促使下开始活动。自我实现这个词的英文表达是"self-actualization"。"actualization",即"实现"的意思。

以前的心理学研究者在研究心理时,大多以人格性不健全的人的临床试验为基础。即使他们研究的是拥有正常人格性的人，也是以低层次的欲求满足为中心进行考察。而马斯洛就不同了，他是以欲求已得到满足的人为考察对象。这也是马斯洛的欲求层次理论的一大特征。

马斯洛在采访所有欲求都得到满足的人（即自我实现者）后，总结出了这些人都具备的特征：

（1）全面而准确地感知现实，与现实保持舒适的关系；（2）如实接纳自己、他人和自然；（3）对人真诚坦率；（4）以问题为中心，而不是以自我为中心；（5）能超脱世俗；（6）具有自主性，在环境和文化中能保持相对的独立性；（7）怀着敬畏和喜悦之情体验人生中发生的事；（8）拥有神秘的体验；（9）对人充满爱心；（10）拥有深厚的友情；（11）具备民主的精神；（12）拥有明确的道德目的，让手段服从于目的；（13）处世幽默、风趣；（14）富于创造性。

想要成为具备以上这些特征的自我实现者，首先必须让低层次的欲求得到满足。对自我实现者而言，比起索取，给予更能让他们找到自己的生存价值。史怀哲博士（Albert Schweitzer）和特蕾莎修女，都是真正实现自我的人。史怀哲博士是一位拥有家室、拥有豪华的房子的医生。在他38岁的时候，他舍弃自己的地位和家，前往非洲的兰巴雷内从事医疗工作。

特蕾莎出生在欧洲。年轻的时候，她到印度传教，后来成为为上流阶层的子女开设的学校的老师，并在不久之后成为该校的校长。后来，她舍弃她的地位，创办了一所名为"仁爱传教修女会"的专门为穷人中的穷人服务的修道院。修道院的修女每天吃的是用蔬菜和面粉烤制而成的一种名为"capati"的薄煎饼。每天早上4点半起床后，她们先做祷告，然后照顾孤儿、麻风病人、无家可归者、将死之人。她们做这些事，得到了什么？包括金钱和名誉在内，她什么都没有得到。非但没有得到，她们的身体还因此越来越差。但是，她们在工作的时候,一直笑容满面。

在日本这个国家,在如今这个饱食时代,我们在每天吃美食、穿皮衣、乘豪车、住豪宅的太太的脸上,看不到这种充满笑容的表情。特蕾莎及其修道院的修女们的笑脸与她们的笑脸有质的不同。受邀去某豪华派对的喜悦、拥有价格高于别人的皮衣的喜悦、换豪车的喜悦、当别人用羡慕的眼神看满身宝石的自己时感受到的喜悦、成为社长夫人的喜悦、孩子考上东京大学时身为母亲感到的喜悦……她们感受到的喜悦完全不同于特蕾莎及其修道院的修女们在有人临死前对她们说"谢谢"时感受到的喜悦——被她们救助的人说完"谢谢"后安心离去时,她们会开心地想"啊,太好了,拥有痛苦经历的人在死之前对我说了声谢谢""啊,我让一个灵魂安心地到上帝那儿去了"。

无论是到非洲腹地为受疾病折磨的人提供医疗服务的史怀哲博士,还是到尼泊尔为肺结核病人治病的岩村升博士,在他们看到病人开心地回家时,他们都会这么想："虽然我舍弃了家，舍弃了财产，舍弃了名誉，远离祖国来到这儿，但这才是我真正的生存之道。"在他们这么想的时候，他们便能感受到实现自我的喜悦。

例外情况——通常情况下，以上五种欲求按层次逐级递升，但也有例外情况。在你们之中，有人在感觉爱情很美好的同时，觉得爱情是虚无缥缈的东西，也有人在觉得被他人认可很难得的同时，感觉他人的认可是虚无缥缈的东西。如果你意识到名誉是虚无的存在（虽然现在有人对你百般奉承，但一旦你不处高位，人的态度就会发生变化），你就会在尊重欲求等欲求未得到满足的情况下直接迈入自我实现的欲求阶段。因此，人不一定是在吃饱后才能迈向更高层次的欲求阶段。有时，人在看清某种欲求的限度后，即可迈向更高层次的欲求阶段。

我们称前四个欲求为匮乏性欲求或基本欲求，将自我实现的欲求称为成长欲求或给予的欲求。

匮乏性欲求与成长欲求——被称为匮乏性欲求的这四种欲求，是除当事人以外的人都能得到满足的欲求。因此，处于这个欲求阶段的人，对别人的善意、爱、认可十分敏感，对环境的依赖度很高。因为除自己以外的人，这些欲求都能得到满足，所以当事人对别人笑没笑、别人怎么对自己、别人是否爱自己、别人怎么看自己的工作、怎么评价自己非常敏感。

成长欲求，即自我实现的欲求，是一种通常在前四种欲求得到满足后才会出现的欲求。它是健康人格的核心欲求，是一种想将自己内在的丰富能量表现出来并给予他人的欲求。据说，处于这个欲求阶段的人很独立。他们很少依赖他人，很少怀有不安情绪和敌意，很少追求他人的爱和赞扬。因此，精神卫生度高的人，不是总想得到名誉、爱情、安稳生活等东西的人，而是想将自己内在的丰富能量表现出来并给予他人的人、比起被爱更想爱别人的人、比起被理解更想理解别人的人、比起被安慰更想安慰别人的人、比起被表扬更想表扬别人的人、比起得到更想付出的人。可以说，精神洁净度高的人都是拥有爱别人、理解别人、安慰别人、表扬别人的能量的人。我认为，拥有这些能量是幸福的一大关键要素。

因为我们都是凡人，所以都想被人爱、被人安慰、被人理解、被人表扬，都想听到温柔的话。我也有这样的欲求。但是，与其想得到别人的帮助，不如让自己产生帮助有困难的人的想法；与其在被误解时马上生气，不如让自己试着理解对方的心情；与其想被爱，不如多替他人考虑，把他人的事放在自己的事之前。为了让自己成为这样的人，马斯洛说，必须先让自己的欲求得到满足。从这个意义上说，自己的生活自不用说，当我们涉及别人的生活时，尽量满足对方的低层次欲求，就显得很重要。而且，如果这么做了，我们就能获得成长，就能满足自己的成长欲求。

当我们试着从人际关系的角度看匮乏性欲求或成长欲求时，就会发现，当一个人的匮乏性欲求很强时，很多时候就会将人是否能满足自己的欲求作为交往的标准。当匮乏性欲求很强的人觉得对方对自己没有用处的时候，就会冷眼相待，或觉得和对方说话是件无聊的事，或不怎么听对方说话。而如果对方是能满足自己的欲求、说让自己开心的话的人，就会重视他。

处于自我实现的欲求阶段的人就不同了。因为他们比起得到更想付出，而且即使什么也得不到也觉得没关系，所以他们对待他人的态度不同于匮乏性欲求很强的人。换言之，他们不是将对方视为满足自我欲求的手段，而是将对方视为拥有理性和自由意志的主体。

拥有成长欲求的人之所以很少追求别人的爱和赞赏，是因为他们坚信做自己就好。即使没有人表扬他们，没有人爱他们，他们也充分相信自己的价值。他们已过了认为"被人表扬，自己的价值就高；被人轻视，自己的价值就低"的阶段，他们清楚地知道自己是什么样的人。当然，如果有人爱，他们也会高兴。但是他们不会因没有人爱而觉得孤单，不会因想得到别人的爱而跟在别人的身后。因为他们的欲求已得到满足，所以想将自己的内在能量分给别人的欲求在他们的身上发挥了更强的作用。成为这样的人，应该是大家的成长目标。

因此，想被爱、想被认可、想被照顾……现在光想着满足自己欲求的人，应尽早让自己的欲求得到满足，让自己拥有想付出、想帮别人等想法。一旦拥有这样的想法，人就会变得幸福。而且，不可思议的是，当你成为想付出的人后，你自然就能"看到"来自别人的理解、安慰、爱。如此一来，迄今为止一直抱怨没人爱、不被认可的你，就会逐渐明白："之前我的感受并不正确，其实我很幸运，其实他们真的很为我着想。"

我觉得，虚度人生是十分悲哀的事。我们应在年龄增长的同时让自己掌握一些东西，应把人生的体验作为今后的营养物质（而不是污垢），以这样的乐观心情好好生活。

（三）防御机制

防御机制是一种最早由弗洛伊德提出的心理机制。弗洛伊德是奥地利的心理学家，素有"精神分析和深层心理的鼻祖"之称。

简单地说，防御机制是人在无意识状态下表现出来的反应。防御机制的种类有很多，接下来我简单讲讲为何我们会出现这些反应。

我们都有保护自己的本能。如果现在那边有人喊"着火了"，大家肯定会立刻逃跑；如果有人把什么东西扔向你们，你们也一定会将身体避开。当然，如果有明确的目的，人也可以让自己处于被人攻击的正面。但这是有意识的行为。

我们不仅有保护肉体生命的本能，还有在心理上保护自己的防御本能。这是一种让自己从不安状态回到安全状态的机制。如果地上有一个窟窿，你会跨过它或避开它。或者当你想到这条路上可能会有狗叫声的时候，你会走其他路。这种想让自己处于安全状态的心理机制，即防御机制。

防御机制绝不是什么坏东西。因为与其走了有狗叫声的路而被狗咬伤，还不如事先保护好自己。但是，如果那条路上明明没有狗也认为有狗，明明那条路不危险也认为自己走的路都是危险的，你就会出现被害妄想症，就会总是提心吊胆地走在路上。你有时甚至会害怕有人开枪打你。当你害怕有人开枪打你的时候，你可能就会陷入不穿防弹衣便无法走路的极端状态。这样的人，是不自由的。

此外，如果明明别人没有敌意，却深信他怀有敌意，明明没有保护自己的必要，却把自己放在坚固的城墙中，明明可以按自己的原本姿态行走，却因认为别人笑话自己而每天让自己盛装出行，这样的人也是不自由的。因为当你认为有敌人、有威胁、别人笑话你的时候，你就只会在周围有一层厚厚的"围墙"时抛头露面，就只会穿正装出门。因觉得别人对自己有敌意、会伤害自己、会笑话自己而采取某些行动，即防御机制在起作用的表现。而且,越是觉得有敌人存在的人,其防御机制发挥的作用越大,越是患有被害妄想症的人,越不会以素颜的姿态出门。可以说,如何让人从这种不自由的状态中解放出来,是有关精神洁净的一个重要课题。

主要防御机制

压抑(repression)——压抑是最基本的机制,是其他一切防御机制的前提。这是一种将意识中难以接纳的观念、表象、记忆以及随之产生的情动、冲动赶出意识,并将其关在无意识中的机制。

弗洛伊德主张幼儿性欲说。他认为,幼儿已经存在的性欲会因父母的管教或处罚而逐渐被压制,而另一方面,在被称为"超我"的东西形成后,自己会压制冲动的情绪。根据能量守恒定律,被压制的能量是不会消失的,会在某处被发泄出去,所以这些能量往往会以别的形式散发出来。基于这一点,弗洛伊德试图运用自由联想法、梦的解析法等方法将这些被压抑的东西意识化，从而解决神经症方面的问题。

小时候由爸爸或妈妈抱着的孩子，会因情欲被压制而恨爸爸或妈妈。等到孩子长大后，他对爸爸的憎恨可能变成对如父亲般的人的憎恨，对妈妈的憎恨可能会变成对妈妈所爱的人的憎恨。有时，压制在自己心中的对某个人的敌意，会以得关节炎或癔症的形式表现出来。

投射（projection）——这是一种试图以把在自己内部产生的冲动、感情、想法归因于外部对象的方式来消除不安的防御机制。比如，有人在压制自身想攻击他人的情绪或恋爱情感后，认为是对方想攻击自己或是对方爱自己。

此外，还会出现这种情况：虽然是自己讨厌对方，但为了逃避由此带来的罪恶感，会说"我毫不介意，他却一直想避开我"。

我们在用投影仪放幻灯片的时候，需要先将幻灯片倒着放入。而且，投影的位置是前方的屏幕，不是自己的周围。也因为是这样，所以我们才将放幻灯片的过程称为"投射"或"投影"。被害妄想、被爱妄想、关系妄想等，都是以这个播放原理为基础。

反向形成（reaction formation）——这是一种试图以让外在表现与被压制的情动和欲求完全相反的方式来逃避自己的罪恶感、得到社会的认可的防御机制。比如压制自己的依赖心理，表现出过度独立、逞强的姿态，或是压制自己的憎恨情绪，表现出过分友好的态度，或是压制自己对性的好奇心，表现出过度的反感等，都是反向形成的表现。

我们有时可以通过看对方的动作是否夸张、是否生硬来判断对方的真实想法。对你过分恭敬的人，很可能是在心里轻视你的人。

退化与固着（regression and fixation）——在人迈向成熟的各个阶段，会产生相应的挫折感和不安。当挫折感和不安高涨的时候，以退回到可以不用直接面对问题的阶段的方式来消除不安的机制,即退化与固着。有时,人在感到安心的时候,也会出现固着现象。

在孩子上幼儿园或上小学时,我们经常可以看到一个现象:对新生活充满不安的孩子,为证明"自己还未长大"而开始尿床或吮吸手指。当家有弟弟或妹妹出生时,有的孩子还会做出像婴儿一样的动作,借此逃避身为哥哥或姐姐的责任。

我们大人在必须道歉的时候,有时也会撒娇或做出像小孩一样的动作。或许这也是我们在无意识下做出的。

合理化(rationalization)——这是一种隐藏自己行为的真正动机,用能被社会接受的理由使自己的行为具有意义、正当化的防御机制。我们在受挫时,经常会出现这种反应。

我们在失败后,有时会将失败的原因归结于偶然,认为失败是因为发生了某些状况;有时会将责任转嫁给他人,认为是对方的错;有时会轻视失败,认为失败没什么了不起的。无论是哪种情况，都是想摆脱自责的念头、罪恶意识的心理机制在起作用。

刚才我说了压抑、投射、反向形成、退化与固着、合理化等五种具有代表性的防御机制。除此之外，还有逃避、替换、心理内投等防御机制。虽然了解有哪些防御机制很重要，但知道人具有自我保护的本能、不伤害自己的本能、想表现自我的本能，更为重要。我觉得，在自己产生罪恶感、不安情绪或某种情欲时将这些情绪压在心底的人，因他人拥有自己没有的东西而把责任转嫁给他人的人，为自己没有拥有某个东西而找借口或退回到不用被责备的阶段的人，为特意告诉别人自己没有某个东西而采取相反行动的人……了解这些人的心理，是一件重要的事。与此同时，在意识到自己使用了某个防御机制后，承认这一点并让自己成为尽量少使用防御机制的人，也很重要。人的精神洁净的健康度，由敞开胸怀生活的程度决定。在自己的周围构筑"高墙"，对欲进入"高墙"的人——

检查，不把自己的素颜给别人看，这种生活状态不是人应有的状态。而且，它会使人变得不自由，阻碍人的成长。

我们学校有位毕业生，是某大型福利院的负责人。今年三十五六岁的她，被妈妈不在身边的孩子们称为"妈妈"。她在她负责的某期内部报纸上——是圣诞节前后出的报纸，写了一句非常漂亮的话：孩子们需要的不是礼物（present），而是你的存在（presence）。我们常常使用"礼物"这个词，比如收到礼物、送人礼物等，但是，人真正需要的是某个人的存在。被孩子们称为"妈妈"的这位年轻的毕业生，一直想送这些缺少爱的孩子一些礼物。毫无疑问，这些孩子在收到糖果或玩具时，很开心。但是孩子们真正期待的是爱自己的人在自己身边。我被这位毕业生写的这句话深深感动了。对于人而言，最重要的是某个人在我们身边。

这句话中的"存在"，是"在眼前"的意思。换句话说，即与人见面，不以顶盔披甲的姿态与人见面。接受对方的真实姿态很重要。与此同时，让自己作为开放的存在（open existence），按照真实的状态生活，也非常重要。换言之，我们应让自己成为"不介意给人看的人"。这绝不是说我们可以完全暴露自己的缺点，而是说我们承认自己有缺点，并如实接纳有缺点的自己。

确实，在社会中，我们会遇到必须隐藏自己的缺点的时候。比如在应聘时，我们必须尽量博得面试官的好感，不可以一个劲地说自己的短处。除了这些特殊情况外，我们需要活得真实一些。就像我在说"自我概念"时提到的那样——我们应尽量减少不隐藏就无法生活的东西，无论自己多么丑陋，我们都应承认丑陋的自己，爱丑陋的自己，心怀怜悯地和自己说"要尽量变得漂亮一些""要尽量做一个强人"，与丑陋的自己一起生活。如果不这么做，别人就会完全否定你的存在。因此，尽量不否定自己，承认你觉得羞耻、讨厌、可怜的部分就在"我的身体内",尽量减少不隐藏就无法生活的东西,让自己做不介意被看的人,敞开胸怀生活,是让你的精神保持健康的一大重要前提。

可以使用防御机制,但是,不可成为无限制使用防御机制的人。无限制使用防御机制的人、从不暴露自己缺点的人、总是将自己锁在厚厚的围墙中且不允许外人踏入一步的人,和这类人说话,你会觉得很累。我想他们自己会觉得更累。我常常想,要是他们身边有不介意展示真实的自己的人,该有多好。

我曾经说过,在你遇到爱有创伤的你的人、接受脆弱的你的人、当你的伤口流血出脓时为你包扎的人后,你才不会觉得受伤是一件多么坏的事,你才不会以受过伤为耻。或许今后你还会受伤,但一想到伤口可以治好,你就不会对受伤持恐惧态度。学会保护自己,很重要。当危险来临的时候,请避开。当受伤时,请成为不仅会遮盖、保护伤口,还会凝视、治疗伤口的温柔之人。这样的人,往往与幸福有很深的缘分。

第九讲 成熟

"成熟"在英语中叫"maturity",而"成长"所对应的英语单词是"growth"。"成长"这个词大多用于表示过程时。因为我们一般将逐渐发芽、长茎、开花的过程称为成长,所以总的说来,成长是充满变化的。而"成熟"这个词表示的是"完成度"。因此,或许我们可以认为这两者的区别是,成长表示变化,而成熟表示某种静止的状态。我认为,人的一生是不断成长的过程。即使有一天我们成了爷爷、奶奶,即使有一天我们的身体机能衰退了,我们也是一天比一天有成长。"maturity"表示的是某个时候的完成度。比如大二、大三、大四时会分别呈现出与该阶段相对应的成熟，到三十岁的时候，会呈现出三十岁人的成熟，到五十岁的时候，会呈现出五十岁人的成熟。我们或许可以说，成熟是我们到某个阶段或年龄后希望达到的完成度。

幼儿在接受身体检查时，如果是一岁零五个月的孩子，就应达到与该年龄相符合的体重、身高、胸围。若已达到相对应的标准，即可判定为"成熟"。而成长，大家的情况就不一样了。比如成长很慢但确实在成长的早产儿，他的妈妈会这么说："我家的孩子属于早产儿，他在一岁零两个月的时候还没有长到平均水平，但确实在成长。"就像这句话说的一样，每个人都有各自的成长速度。

很多时候，即使是同年同月出生的人，其成熟度也不尽相同。虽然两个人都在不断成长，但操劳的人会提前成熟，而不操劳的人，会因为家庭环境好而晚一步成熟。成熟度虽然因人而异，但有大致的标准。接下来，我以奥尔波特列出的6点为依据，讲讲成熟度的标准。

第一，**自我意识的扩大**（extension of self）。听到这个英译词，大家可能会有些不习惯。

这是一种走出属于自己的狭小世界，对自己以外的人或物感兴趣的能力。

所谓"扩大"，即我们不会把兴趣和关心仅仅停留在自己身上，还会关心自己以外的广阔的世界，比如关心现在世界上发生了什么事、人为何而生、人应该如何生活、我们应珍惜哪些东西等。

遗憾的是，女人的世界，总是很容易变得狭窄。在过去，人们都说"女人的话题仅限于一里之内"。如果一个女人只关心自己的家人，只记得附近店铺的物品价格、关于哪家太太的谣传或电视明星的八卦新闻，那就太可惜了。作为一个大人，作为一个成熟的人，就应不断扩大自己的关心范围，就应不仅关心具体的东西，还关心价值、理想等抽象的东西。

第二，**民主的人格性**（democratic personality）。

能与处于不同社会地位、社会阶层的人保持密切的关系，且虽然能与某几个人保持非常亲密的关系，但不排外，即拥有民主的人格性的体现。

这包含很有趣的两个方面。这意味着，你能在无视身份、阶级、家世、资产差异，与所有人保持温和的关系的同时，还与某几个人保持亲密的关系。而这也正是大人应有的姿态。

此外，拥有民主的人格性的人的另一个特征，是能思考自己的行为会给他人带来什么影响。有人说："我不想污染别人必须呼吸的空气。"在这个人看来，因为在呼吸空气的不仅仅是"我"，所以"我"不能污染别人也非吸不可的空气。我们马上就要进入考试周了。近几年生产的橡皮，每次用都会擦出很多橡皮渣。有的人考完试会直接把橡皮渣原封不动地留在桌子上。两年前我曾看到让我非常感动的一幕：有位上过道德教育课的大四学生,在考完试后,先将橡皮渣集中在某一处,再用手纸包上,最后带着手纸离开座位。看完,我觉得她真是一个了不起的人。即使大家做不到带着包着橡皮渣的手纸离开,也不能忘了这个爱的原则:如果你知道坐在到处是橡皮渣的桌子边考试很不舒服,就应该主动做你希望别人做的事。如果你想坐在干净的桌子边考试,请先让自己成为站起身后会留意桌上是否散乱着橡皮渣的人,会留意咖啡有没有撒在休息室的桌子上的人,会留意椅子有没有整齐地摆放好的人。可以说,做"如果别人做了,自己就会很开心"的事,不做"如果别人做了,自己就会很难受"的事,是大家应养成的一大重要生活方式。

第三,**情绪的安定**(emotional stability)。

能将在自己内部产生的各种情绪当作"自我情绪"接受,即拥有安定情绪的体现。虽然拥有安定情绪的人并不是不会出现不安的情绪,但他们会适当处理自己的情绪,不使之发展成大事件。

情绪上拥有安定感的人，并不是表情始终如一的人，也不是从不发怒、不哭泣的人。拥有某种程度的不安，是理所当然的事。我们甚至可以说，有不安情绪的人才是正常的人。但是，我们得让自己成为会适当处理自己的情绪，并不使之发展成大事件的人。换言之，我们不应让自己成为总是生气、总是悲伤或总是欢呼雀跃的人，适当处理自己的情绪，才是关键。对于我们而言，大方地接受自己的生气、悲伤等不良情绪，不让某种情绪在心中停留时间过长或发展成大事件，才是最重要的。

第四，问题认知及处理的能力（problem-solving ability）。这是一种找到问题的所在并策划解决方案的能力。

考试前夕，能分析自己存在什么问题并知道自己最不擅长什么、在哪科上需要花最多时间的人，即具备这种能力的人。在大家身边，也存在很多因不知从何下手而最终什么也没做的人。因此，就像我曾经说过的一样,大家有必要让自己拥有一双清醒清澈的眼睛和一颗温暖的心。换言之,我们应在看清哪里有问题后寻找解决方案,如果最好的方法行不通,就采用第二种方法,如果第二种方法行不通,就选择第三种方法,如果第三种方法行不通,而且已没有其他方法,就告诉自己"我已无须烦恼"。如果能这么做,说明你已是大人。

在我们漫长的一生中,让自己学会按照这种模式处理问题,是一件非常重要的事。比如,你肯定有为人际关系烦恼的时候吧!这时,你就应让自己具备寻找问题所在、处理问题的能力。如果不具备解决问题的能力,无论你怎么逃避问题,问题都不会消失。

第五,**自我客观化 (objectification of self)**。

所谓"自我客观化",即清楚地了解自己的能力、能力极限和性格,并采取与之相称的态度去生活。

如果你是成熟的大人,你就不会以不真实的姿态行动;当别人说"你心术不正"时,你不会马上生气,而是问他"啊，是吗，请告诉我我什么地方做得不好"；当朋友说"你说的那句话带刺"时，你会回答"我并不是有意的"。如果一被人说"你心术不正"，你就瞪着眼睛说"你更是这样"，说明你没有很好地审视自己。或者可以说，你没有审视自己的打算。当别人说"你心术不正"的时候，你先询问对方这么说的根据，等对方说明缘由后，先客观地看自己是否哪里做得不对，然后告诉对方"其实，那个时候我想说的是这个意思。如果你还是觉得我有不好的地方，今后我会注意的"。这个过程即客观地审视自己、洞察自己的过程。懂得客观地审视自己的人，既不会讨厌自己，也不会袒护自己。他们会站在客观的角度看自己是否真的在某方面存在问题。为了做到这一点，我们必须爱自己——关于"爱自己"的重要性，我已说过很多次。爱自己的人，是即使被人说坏话也不会受伤的人。我们在这一点上也可以看出，不断加深对自己的爱，是一件重要的事。

爱自己的人，往往具有幽默感。英国作家梅瑞狄斯曾说，所谓幽默，即笑你所爱的，并一直爱下去的能力。我曾在路上看到一个在胸前佩戴小猪图案徽章的胖人。当时，我不由自主地感叹道"啊，这真是一个幽默的人"。我觉得，很少人能这么做。因为他爱自己、接纳自己，所以他能够笑自己所爱的自己——不是冷笑，并一直爱下去。当别人和你说"你的毛衣破了"时，回答"这是我故意弄破的"，并不是幽默的表现。回答"啊，是吗？这样通风好，很凉快"，才是幽默的表现。拥有这种幽默能力的人，无论怎么笑自己，也不会对自身价值丧失自信。

第六，**统一的人生观** (unified principle of life)。

所谓"统一的人生观"，即让自己的行为、思考、感情具有一贯性和协调性，让自己在享受自由的同时承担责任的统一的人生哲学。

成熟的人都拥有让自己的行为、想法、感情具有一贯性和协调性，让自己享受作为拥有理性和自由意志的人的自由，并承担相应责任的统一的人生哲学。反过来说就是，成熟的人不会被他人的期望或意见所左右，他们牢牢地把握着自己的人生方向。而且，他们不仅会在行为上表现出一贯性和协调性，还会在想法、感情的控制方法上表现出一贯性和协调性。可以说，不盲目相信权威的人说的话，或被周围人的意见所左右，而是按照自己的信念生活，是大人的一大特征。

除了奥尔波特外，还有很多人就成熟的人的特征发表了自己的看法。马斯洛所提到的实现自我的人所具备的共同点，也是成熟的人的具体表现。

在课程的后半部分，我们一起思考了拥有理性和自由意志的人的应有姿态和应形成的姿态。我们的课上完了，谢谢大家！

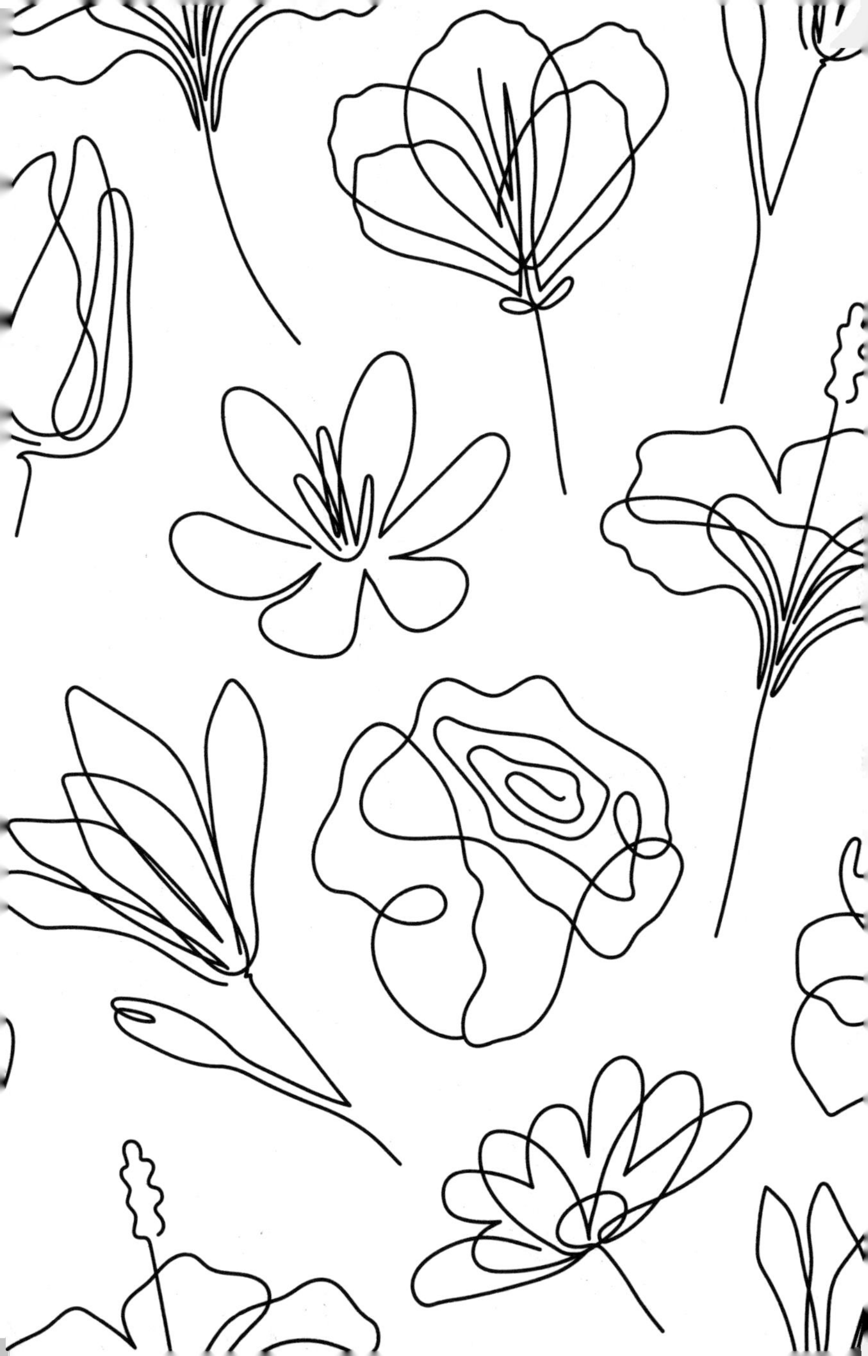

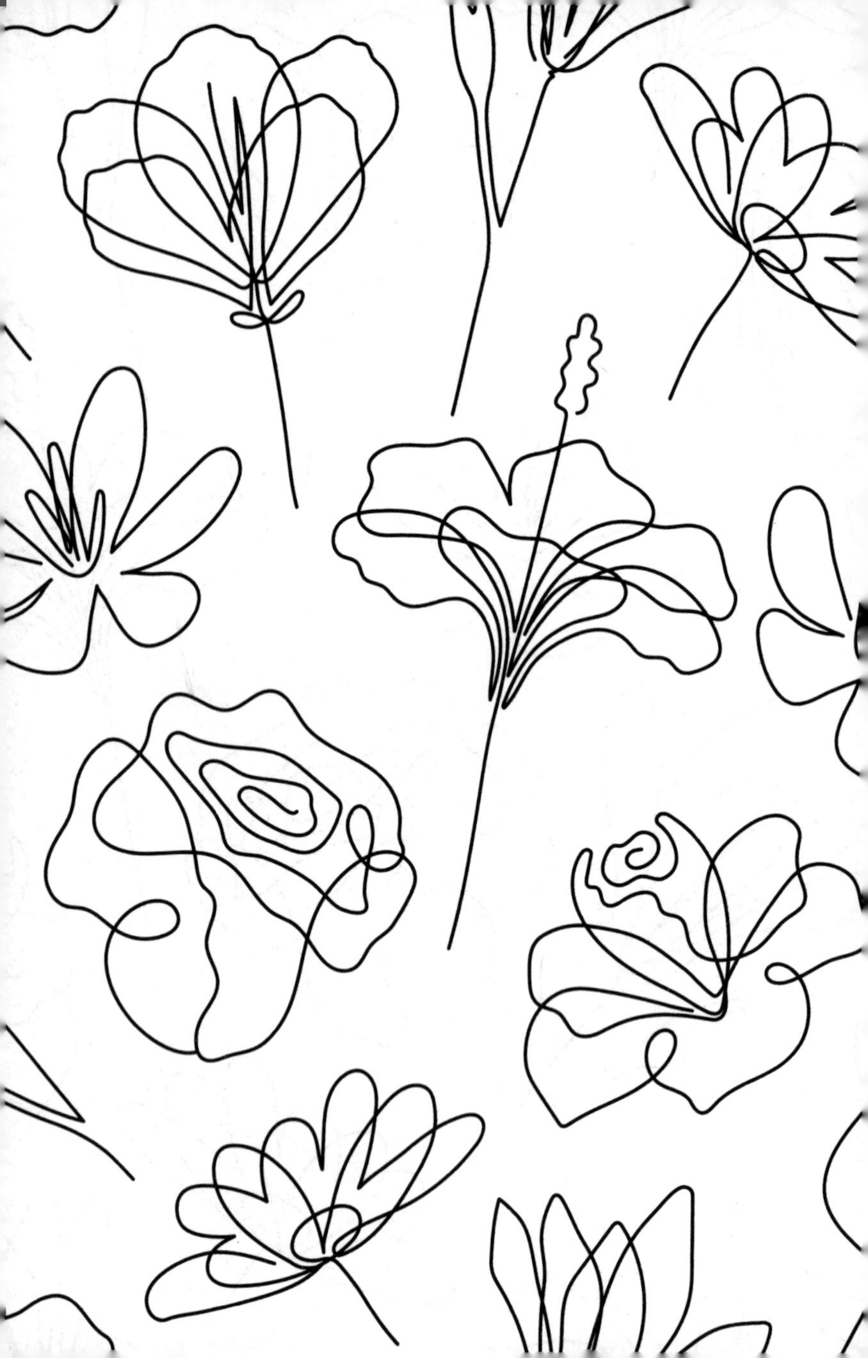